Kühlschränke und Kleinkälteanlagen

Einführung in die Kältetechnik
für Käufer und Verkäufer von Kühlschränken und
Kleinkälteanlagen, für Gas- und Elektrizitätswerke
Lehrer an Volks-, Berufs- und Fachschulen, Architekten
und das Nahrungsmittelgewerbe

Von

Oberingenieur **Paul Scholl**
München

Siebente Auflage

Mit 68 Abbildungen

Springer-Verlag Berlin Heidelberg GmbH 1960

ISBN 978-3-540-02601-3   ISBN 978-3-662-12204-4 (eBook)
DOI 10.1007/978-3-662-12204-4

Alle Rechte,
insbesondere das der Übersetzung in fremde Sprachen, vorbehalten.
Ohne ausdrückliche Genehmigung des Verlages ist es nicht gestattet,
dieses Buch oder Teile daraus auf photomechanischem Wege
(Photokopie, Mikrokopie) zu vervielfältigen

Die Wiedergabe von Gebrauchsnamen, Handelsnamen, Warenbezeichnungen usw. in diesem Buch berechtigt auch ohne besondere Kennzeichnung nicht zu der Annahme, daß solche Namen im Sinn der Warenzeichen- und Markenschutz-Gesetzgebung als frei zu betrachten wären und daher von jedermann benutzt werden dürften

Vorwort zur siebenten Auflage

Die vorliegende Neuauflage ist dem neuesten Stand der Kühlschranktechnik angepaßt. Die technische Entwicklung der Kühlaggregate erscheint heute im wesentlichen abgeschlossen, während bei der Schrankausstattung noch laufend Neukonstruktionen auf den Markt kommen. Immer höherer Bedienungskomfort und bessere Ausstattung gestalten das äußere Bild der Kühlschränke von Jahr zu Jahr um.

Neben den Problemen der Haushalt-Kühlschränke werden in der vorliegenden Arbeit auch die am Rande liegenden Gebiete, wie Klimatisierung von Wohnräumen, Wärmepumpen für Haushaltzwecke und Kälteanwendung im Kleingewerbe behandelt. Entsprechend dem Charakter des Buches werden die nicht immer leicht verständlichen physikalischen Gesetzmäßigkeiten so einfach wie möglich dargestellt, damit auch der nicht technisch vorgebildete Leser sie verstehen kann.

Die Kühlschränke haben in den letzten Jahren erstaunliche Produktionszahlen erreicht; sie stehen heute im Vordergrund der Haushaltelektrifizierung und erfreuen sich besonderer Wertschätzung durch die Hausfrau. Sie werden weitgehend als unentbehrlich betrachtet. Es besteht daher für die zahlreichen im Vertrieb und Fachhandel und für die im Lehrberuf tätigen Kräfte das Bedürfnis nach einer umfassenden Unterrichtung über die technischen Grundlagen und Einzelheiten dieses Gebietes.

Möge die vorliegende Neuauflage diese Aufgabe erfüllen und mit dazu beitragen, das Wissen über die Kleinkältetechnik auf eine möglichst breite Verkäuferschicht zu übertragen und den Lehrkräften in Berufs- und Fachschulen Anregungen für den Unterricht zu geben.

München, im Februar 1960

Paul Scholl

Vorwort zur dritten Auflage

Es gab bisher in der Kältetechnik kein Buch, das für den Laien geschrieben war. Alle Bücher setzten die physikalischen Grundlagen der Kältemaschinen und die Erfordernisse der Kühltechnik als bekannt voraus. Es gibt wohl ausgezeichnete Bücher über Kleinkältemaschinen, sie beschränken sich aber alle darauf, den Fachmann über den neuesten Stand dieses Gebietes zu unterrichten. Dagegen war der kaufmännisch oder technisch vorgebildete Laie kaum in der Lage, sich an Hand der Literatur in das Gebiet der Kältetechnik einzuarbeiten, weil nirgend in zusammenhängender Form unter Fortlassung aller abseits stehenden Fragen alle mit ihr verknüpften Probleme von Grund aus entwickelt und behandelt sind.

Diese Lücke möchte das vorliegende Buch ausfüllen. Es ist entstanden aus den praktischen Erfahrungen, die im Vertrieb und in zahlreichen Schulungsvorträgen und Kursen gesammelt wurden. Es stellt im wesentlichen eine erweiterte Folge von Vorträgen über alle Zweige dieses umfangreichen Gebietes dar. Es hat sich die Aufgabe gesetzt, allen denen, die sich beruflich und vertrieblich mit Kühlschränken befassen müssen, die Kenntnisse zu vermitteln die sie für ihre Aufgabe benötigen, ohne daß sie Vorkenntnisse für dieses Gebiet zu haben brauchen, und ohne daß sie mit überflüssigem Stoff belastet werden.

In der vorliegenden dritten Auflage wurden die Kapitel über die praktische Durchbildung und die spezielle Ausführung der Kühlschränke dem neuesten Stande der Technik angepaßt. Dank dem freundlichen Entgegenkommen des Verlages konnte vielfach geäußerten Wünschen entsprechend der Inhalt durch einige Kapitel über Kleinkälteanlagen erweitert werden, die eine kurze Übersicht über dieses interessante benachbarte Gebiet geben.

Möge die vorliegende dritte Auflage die gleiche freundliche Beachtung finden wie die beiden ersten.

Berlin, im April 1939

Paul Scholl

Inhaltsverzeichnis

A. **Die physikalischen Grundlagen der Kältetechnik**............ 1
   I. Physikalische Grundbegriffe 1
   II. Der erste Hauptsatz der Thermodynamik 2
   III. Die Grundlagen der Kälteerzeugung 4
   IV. Die verschiedenen Arten der Kälteerzeugung 6
   V. Die Wärmeübertragung 11

B. **Die praktische Durchbildung der Kühlschränke**................. 14
   VI. Die Durchbildung der einzelnen Teile der Kompressorkältemaschinen 14
   VII. Die elektrischen Antriebe der Kompressorkältemaschinen 24
   VIII. Die Eigenschaften der Kältemittel 28
   IX. Die Durchbildung der Absorptionskältemaschinen ... 33
   X. Die automatischen Regelvorrichtungen 36

C. **Die allgemeinen Gesichtspunkte der Nahrungsmittelkühlung** 39
   XI. Luftfeuchtigkeit 39
   XII. Die für den Schrankbau maßgebenden Gesichtspunkte . . 42
   XIII. Die Bedingungen für günstige Lebensmittellagerung . . 47
   XIV. Konservierung von Lebensmitteln durch Tiefgefrieren . 53

D. **Besondere Ausführungsformen von Kühlschränken**................. 59
   XV. Einige spezielle Ausführungen von Kompressor-Kühlschränken 59
   XVI. Einige spezielle Ausführungen von Absorptions-Kühlschränken 63

E. **Sonderanwendungen von Kleinkältemaschinen** 66
   XVII. Klimageräte 66
   XVIII. Wärmepumpen 72

F. **Gewerbliche Klein-Kälteanlagen**........ 80
   XIX. Klein-Kältemaschinen 80
   XX. Kühlraumisolierung und -lüftung 87
   XXI. Kälteanwendung im Gewerbe 89

Literaturverzeichnis 99

Sachverzeichnis 100

A. Die physikalischen Grundlagen der Kältetechnik

I. Physikalische Grundbegriffe

Wärme und Kälte sind im physikalischen Sinne keine Gegensätze, sondern lediglich verschiedene Ausdrucksformen derselben Energie. Die Begriffe Wärme und Kälte sind bereits im allgemeinen Sprachgebrauch relativ. Wasser von 20° C empfindet und bezeichnet man beispielsweise als kalt, wenn der Körper vorher in warmem Wasser war, man empfindet es jedoch als warm, wenn der Körper vorher in kälterem Wasser war. Physikalisch bedeutet Kälte nichts anderes als „Abwesenheit von Wärme". Ja streng genommen spricht man in der Physik überhaupt nicht von Kälte, sondern von Wärme höherer oder tieferer Temperatur. Jeder Körper hat, auch wenn er sehr kalt ist, noch eine gewisse Wärmeenergie in sich. Erst beim absoluten Nullpunkt verschwindet die Wärmeenergie vollständig.

Um mit der Wärme rechnerisch umgehen zu können, muß man entsprechende Maße festsetzen, genau so, wie man Längenmaße, Körpermaße, Gewichtsmaße usw. hat. Die technische Einheit der Wärmeenergie ist nun *eine Kalorie* = 1 kcal. Dies ist die Wärmemenge, die notwendig ist, um 1 kg Wasser um 1 Grad zu erwärmen. Durch diese Größe kann man jede Wärmemenge eindeutig festlegen.

Stellt man durch Versuche fest, wieviel Wärme notwendig ist, um 1 kg Eisen oder 1 kg Blei oder 1 kg sonst eines Stoffes um 1° zu erwärmen, so findet man, daß hierzu eine geringere Wärmemenge notwendig ist als zum Erwärmen der gleichen Menge Wasser. Man nennt nun die Wärmemenge, die notwendig ist, um 1 kg irgendeines Stoffes um 1° zu erwärmen, seine *spezifische* Wärme. Diese ist für Eisen beispielsweise 0,115; die spezifische Wärme von Blei beträgt nur 0,03, d. h.: man kann mit 1 kcal 1 kg Blei um 33° oder 33 kg Blei um 1° erwärmen.

Aus dem vorher Gesagten geht hervor, daß die spezifische Wärme von Wasser = 1 gesetzt werden muß. Von wenigen Ausnahmen abgesehen, hat Wasser die größte spezifische Wärme von allen Stoffen.

Durch die Wärmemenge allein ist aber der Zustand eines Körpers noch nicht genügend definiert. Die zweite Größe, die notwendig ist, ist die Temperatur. Die Temperatur wird bekanntlich in Deutschland und fast allen übrigen Ländern durch Grad Celsius ausgedrückt. Bei der Temperaturskala nach Celsius ist der Gefrierpunkt von Wasser = 0°, und der Siedepunkt von Wasser bei normalem Atmosphärendruck = 100° gesetzt worden. Diese Skala wird dann nach oben und unten beliebig weit ausgedehnt. Bei der früher üblichen Skala nach Réaumur war der Gefrierpunkt von Wasser ebenfalls = 0° gesetzt worden, der Siedepunkt von Wasser jedoch = 80°. Um also Celsius-Grade in Réaumur umzurechnen, muß man mit $^4/_5$ multiplizieren. Umgekehrt muß man bei der Umrechnung von Réaumurgraden in Celsiusgrade mit $^5/_4$ multiplizieren.

In England und Amerika ist auch heute noch eine dritte Temperaturskala im Gebrauch, nämlich die nach Fahrenheit. Hier ist der Gefrierpunkt von Wasser = 32° gesetzt und der Siedepunkt von Wasser = 212°, so daß zwischen Gefrier- und Siedepunkt eine Differenz von 180° besteht. Man muß also die Celsiusgrade mit $^9/_5$ multiplizieren und dann noch 32° addieren, um die entsprechenden Grade Fahrenheit zu erhalten.

Heute hat man fast allgemein die Celsiusskala angenommen. Auch in England und Amerika beginnt man in der Wissenschaft und Technik mehr und mehr die Celsiusskala zu verwenden. und im folgenden soll nur noch von ihr die Rede sein.

II. Der erste Hauptsatz der Thermodynamik[1]

Außer der Wärmeenergie gibt es noch eine Reihe anderer Energieformen, z. B. mechanische, elektrische, chemische Energie usw. Alle diese Energien werden in verschiedenen Maßen gemessen. Um sie miteinander vergleichen und ineinander umrechnen zu können, muß man untersuchen, ob, wieweit und in welchem Verhältnis sie sich untereinander umwandeln lassen. Nun gilt als oberstes Gesetz, daß keinerlei Energie aus nichts erzeugt werden kann und daß keine Energie verloren gehen kann. Es kann wohl mechanische Energie in elektrische und Wärmeenergie umgewandelt werden, oder umgekehrt, kurz es ist eine theoretisch unbeschränkte Umwandlungsmöglichkeit von einer Energieform in die andere vorhanden; niemals aber kann dabei Energie aus dem Nichts entstehen, bzw. verloren gehen. Interessant ist jedoch

---

[1] Thermodynamik ist die Lehre von der Wechselwirkung zwischen Arbeit und Wärme.

dabei, daß bei fast allen Umwandlungen ein Teil der Energie sich in Wärme umsetzt, die vielfach schwierig oder gar nicht in eine andere Energie zurückzuverwandeln ist.

Die bekannteste Einheit der mechanischen Energie ist die Pferdestärke oder kurz 1 PS. Die bekannteste Einheit der elektrischen Energie ist das Kilowatt kW. Bekanntlich ist 1 PS = 0,736 kW oder 1 kW = 1,36 PS. Die beiden eben genannten Größen stellen allerdings nach der strengen Auffassung der Physik nicht eine Energie, sondern eine Leistung dar. Um Energie, d. h. Arbeit zu erhalten, müssen sie noch mit der Zeit multipliziert werden. Wenn die Kraft von 1 PS eine Stunde lang gewirkt hat, so ist eine PS-Stunde (PSh) geleistet, ebenso spricht man von 1 kW-Stunde (kWh). Für diese Werte gelten natürlich die gleichen Verhältniszahlen, wie oben, d. h. 1 PSh = 0,736 kWh oder 1 kWh = 1,36 PSh.

Durch ausführliche Versuche und theoretische Überlegungen, die hier nicht näher angeführt werden können, sind nun die Verhältniszahlen zwischen mechanischer und elektrischer Energie einerseits und der Wärmeenergie andererseits festgestellt worden. Dabei hat sich ergeben, daß

1 PSh gleichwertig mit 632 kcal und dementsprechend
1 kWh   ,,   ,,   860 kcal sind.

Dies soll an einigen Beispielen veranschaulicht werden. Um 1 l Wasser = 1 kg Wasser von 14° aus zum Kochen zu bringen, d. h. um 86° zu erwärmen, sind nach Kap. I 86 kcal erforderlich. Um 10 l Wasser zum Kochen zu bringen, dementsprechend 860 kcal. Unter der Annahme, daß keine Wärmeverluste durch Abstrahlung entstehen, kann man also mit 1 kWh 10 l Wasser zum Kochen bringen. Praktisch verringert sich diese Zahl natürlich infolge der nicht zu vermeidenden Wärmeausstrahlung auf etwa 7—8 l.

Als weiteres Beispiel sei ein Elektromotor mit einer Leistungsaufnahme von 10 PS erwähnt. Es sei angenommen, daß dieser Motor einen Wirkungsgrad von 80% hat; d. h. 8 PS werden nutzbar in mechanische Energie umgewandelt, während 2 PS in Wärme umgewandelt werden und damit für die praktische Ausnutzung verloren gehen. Dieser Motor entwickelt in einer Stunde eine Wärmemenge von $2 \cdot 632$ kcal = 1264 kcal. Diese Wärmemenge wird bei einem luftgekühlten Motor vollständig von der Luft aufgenommen und bedingt eine entsprechende Temperaturerhöhung derselben.

Diese Verhältniszahlen sind unabänderliche Größen. Überall können wir beobachten, wie mechanische und elektrische Energie in Wärme umgewandelt werden. Stets sind hierfür die oben genannten Verhältniszahlen maßgebend. Man nennt die Zahlen daher das mechanische Wärmeäquivalent und den Satz von der Äquivalenz von Wärme und mechanischer Energie den ersten Hauptsatz der Thermodynamik.

Eine scheinbare Ausnahme von diesem Satz ergibt sich bei dem umgekehrten Prozeß, nämlich bei der Umwandlung von Wärme in mechanische Arbeit. Erzeugt man mit der Verbrennungswärme von Kohle Wasserdampf und mit diesem Dampf in einer Dampfmaschine oder Turbine mechanische oder elektrische Energie, so ist es niemals möglich, den vollen Betrag der aufgewendeten Wärmeenergie in eine andere Energieform umzuwandeln. Es kann immer nur ein gewisser Teil der Wärme in eine andere Energieform übergeführt werden. Der Rest der aufgewendeten Wärmeenergie wird eben wieder als Wärme abgeführt. Wie gesagt, ist dieser Vorgang nur eine scheinbare Ausnahme, denn es geht auch hierbei keine Energie verloren. Der nicht in eine andere Energieform umgewandelte Teil der Wärmeenergie bleibt eben Wärme.

III. Die Grundlagen der Kälteerzeugung

Nach dem vorher Gesagten können wir folgendermaßen definieren: Die Kälteerzeugung besteht darin, daß einem Körper Wärme entzogen wird. Dies gilt jedoch mit einer wichtigen Einschränkung: Wenn ein heißer Körper sich auf die Temperatur der Umgebung abkühlt, so ist das keine Kälteerzeugung; denn dieser Vorgang tritt ja von selbst ein. Unter Kälteerzeugung verstehen wir nur Entziehung von Wärme bei einer Temperatur, die *tiefer* ist, als die der Umgebung.

Einer der günstigsten physikalischen Prozesse, um bei beliebigen, vorher festgesetzten Temperaturen Wärme zu entziehen, d. h. Wärme zu binden, ist die Verdampfung von Flüssigkeiten. Jedermann weiß, daß beispielsweise zur Verdampfung von Wasser große Wärmemengen erforderlich sind. Es ist leicht, 1 l Wasser zum Kochen zu bringen. Will man aber dieses Liter Wasser vollständig verdampfen, so dauert das bekanntlich noch sehr lange, d. h. es werden große Wärmemengen dazu benötigt. Beispielsweise sind, um 1 kg Wasser bei 100° zu verdampfen, 539 kcal erforderlich. Diese Zahl nennt man die Verdampfungswärme; sie ist für jede Flüssigkeit verschieden groß. Bei Wasser beträgt sie über 5mal soviel, wie notwendig wäre, um das Wasser von 0° auf 100° zur bringen.

Nun kann man Wasser aber nicht nur bei 100° verdampfen, sondern auch bei beliebigen anderen Temperaturen. Im Dampfkessel eines Kraftwerkes wird es beispielsweise zwischen 200° und 300° verdampft, allerdings dann unter entsprechend höherem

Drucke. Der normale Druck, der in unserer Umgebung herrscht, wird bekanntlich mit 1 at (Atmosphäre) bezeichnet. Das entspricht einem Druck von 1 kg pro cm². Der Druck, der in einem Dampfkessel herrscht, ist außerordentlich viel höher und schwankt etwa zwischen 20 und 40 at, ist teilweise sogar noch höher.

Umgekehrt kann man Wasser auch bei niedrigeren Temperaturen als 100° verdampfen. Man muß nur dann den Druck entsprechend geringer halten als 1 at. Bekannt ist, daß auf hohen Bergen das Wasser schon bei 90° oder noch weniger siedet. Das kommt daher, daß der Luftdruck hier schon viel geringer ist als 1 at. Man kann Wasser auch ebensogut bei 20° verdampfen, d. h. bei 20° zum Sieden bringen. Man muß aber dann schon mit dem Druck bis auf 0,02 at heruntergehen. Ebenso kann man bei 0° und unter 0° verdampfen und auch Eis läßt sich direkt in Wasserdampf überführen. Daraus folgt, daß die Siedetemperatur um so geringer ist, je geringer der Druck ist und umgekehrt. Jedem Werte des Druckes entspricht eine ganz bestimmte Siedetemperatur.

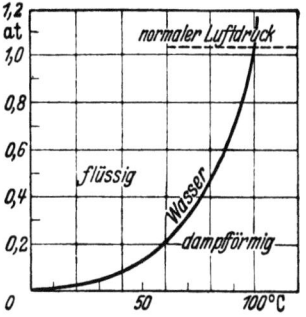

Abb. 1. Dampfdruckkurve von Wasser

In der Abb. 1 ist beispielsweise die Siedekurve für Wasser im Bereich zwischen 0° und 100° dargestellt. Man erkennt daraus ohne weiteres den oben geschilderten Verlauf. Alles, was über dieser Kurve liegt, entspricht dem flüssigen Zustand und alles, was unter der Kurve liegt, dem dampfförmigen. Setzt man beispielsweise Wasser bei einer Temperatur von 60° einem Druck von 0,1 at aus, so liegt dieser Punkt in dem Bereich unterhalb der Siedekurve, d. h. das gesamte Wasser hat die Neigung, in Dampf überzugehen. Erhöht man dagegen den Druck auf 0,3 at, so liegt dieser Punkt oberhalb der Siedekurve, d. h. der gesamte Wasserdampf hat die Neigung, wieder in den flüssigen Zustand überzugehen, zu kondensieren. Die Siedepunktskurve ist daher die Grenzkurve zwischen dem flüssigen und dampfförmigen Zustand. Man bezeichnet sie auch allgemein als Dampfdruckkurve.

Im Prinzip kann man mit jeder Flüssigkeit Kälte erzeugen. Für die praktische Durchbildung einer Kältemaschine kommen aber noch andere Gesichtspunkte in Frage, die beispielsweise Wasser für Haushaltkältemaschinen als wenig geeignet erscheinen lassen. Man wendet daher in der Kältetechnik andere Stoffe an, z. B. Ammoniak, Schwefeldioxyd, Methylchlorid, Äthylchlorid, Frigen u. a.

Die Dampfdruckkurven dieser Stoffe verlaufen im Prinzip ganz ähnlich wie die von Wasser. Lediglich liegen die Siedepunkte erheblich niedriger. In Abb. 2 sind beispielsweise die Dampfdruckkurven einiger Kältemittel gezeigt. Spricht man vom Siedepunkt einer Flüssigkeit schlechthin, so versteht man darunter den Siedepunkt bei einem Druck von 1 at. So liegt der Siedepunkt von Ammoniak bei —33°, von Methylchlorid bei —24°, von Frigen bei —30°, von Schwefeldioxyd bei —10° usw. Man erkennt aus diesen Kurven folgendes:

Um beispielsweise Ammoniak bei —10° verdampfen zu können, dürfen wir höchstens einen Druck von 3 at haben; um es bei 0°

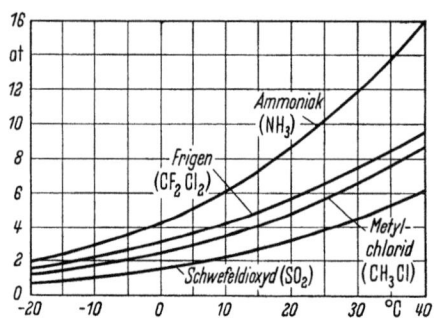

Abb. 2. Dampfdruckkurven verschiedener Kältemittel

verdampfen zu können, dürfen wir höchstens einen Druck von 4,3 at haben. Umgekehrt müssen wir, um Ammoniakdampf bei + 10° kondensieren zu können, mindestens einen Druck von 6,3 at haben; um es bei +30° kondensieren zu können, müssen wir mindestens einen Druck von 12 at haben usw. Mann kann also stets durch eine richtige Bemessung des Druckes eine Flüssigkeit bei jeder gewünschten Temperatur verdampfen und den Dampf bei einem höheren Druck wieder kondensieren lassen. Wie groß dieser Druck sein muß, lehrt unmittelbar ein Blick auf die Dampfdruckkurve.

IV. Die verschiedenen Arten der Kälteerzeugung

Eine Flüssigkeit braucht also Wärme, um zu verdampfen. Sorgt man dafür, daß der Druck über der Flüssigkeit genügend niedrig ist, so beginnt die Verdampfung von selbst, und die hierzu notwendige Wärme wird der Umgebung entzogen, d. h. die Umgebung wird gekühlt. Die einfachste Art der Kälteerzeugung ist die, daß man Wasser verdunsten läßt. Unter Verdunstung versteht man dabei eine durch Anwesenheit anderer Gase verzögerte Verdampfung. Bekannt ist, daß sich Wasser in porösen Tonkrügen besonders kühl hält. Das kommt daher, daß das Wasser durch die Wand hindurch den Tonkrug durchsetzt und an der Außenfläche verdunstet. Sehr verbreitet sind beispielsweise die nach diesem System gebauten Butterkühler.

Man kann ein Gefäß auch dadurch kühlen, daß man es mit sehr feuchten Tüchern umhüllt und der Zugluft oder einem Ventilator aussetzt. Dem Laien kann man die Kälteerzeugung durch Verdampfung einer Flüssigkeit am besten dadurch deutlich machen, daß man darauf hinweist, daß der menschliche Körper, wenn er naß ist, ein recht intensives Kältegefühl erfährt. Besonders stark ist die Kältewirkung dann, wenn man anstatt Wasser eine andere leichter verdunstende Flüssigkeit nimmt, wie z. B. Äther. Die örtliche Betäubung durch Äther oder Chloräthyl beruht ja hauptsächlich darauf, daß die Nerven durch die große Kältewirkung unempfindlich gemacht werden.

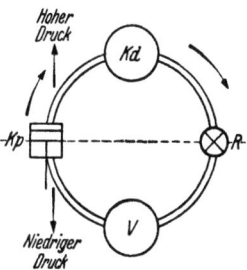

Abb. 3. Vereinfachtes Schema einer Kompressionskältemaschine

Die Kühlung durch verdunstendes Wasser ist jedoch für eine systematische Kühlhaltung von Lebensmitteln nicht ausreichend. Aus einem später noch näher zu erläuternden Grunde erreicht man damit nur verhältnismäßig geringe Temperaturabsenkungen.

Die geringsten Betriebskosten verursacht eine Kälteanlage dann, wenn das verdampfte Kältemittel wieder zurückgewonnen werden kann. Erst dieses Prinzip hat die moderne Kältemaschinentechnik überhaupt möglich gemacht. Das Kältemittel wieder zurückgewinnen heißt, es an einer anderen Stelle wieder kondensieren, d. h. das verdampfte Kältemittel wieder zu Flüssigkeit verdichten.

Ein vereinfachtes Schema einer derartigen Kältemaschine zeigt Abb. 3. Hier bedeutet V den Verdampfer und Kd den Kondensator. Dazwischen liegt ein Kompressor Kp, der die Aufgabe hat, das bei niedrigem Druck verdampfte Kältemittel auf den hohen Druck zu bringen, bei dem es im Kondensator wieder kondensieren kann. Das flüssige Kältemittel fließt dann über R wieder dem Verdampfer zu. R ist eine sog. Reduzierventil und hat die Aufgabe, die unter hohem Druck stehende Flüssigkeit wieder auf den niedrigen Verdampferdruck zu entspannen. Man nennt eine derartige Anlage eine Kompressionskältemaschine.

Die Wärme, die das flüssige Kältemittel zum Verdampfen braucht, nimmt es der nächsten Umgebung fort, d. h. es wird zunächst einmal das noch flüssige Kältemittel selbst heruntergekühlt, dann die Wandung des Verdampfers, dann die Luft, die außen am Verdampfer vorbei streicht usw. Der Raum, der gekühlt werden soll, wird durch Wände mit schlecht wärmeleitenden Stoffen von der Umgebung getrennt. Der Verdampfer muß also stets im Kühlraum liegen oder wenigstens mit dem Kühlraum in wärmeleitender Verbindung stehen. Naturgemäß ist die Wärmeisolation des Kühlraumes nicht vollständig, d. h. es dringt durch die Wände dauernd eine gewisse Wärmemenge ein. Außerdem wird durch das Kühlgut, d. h. durch die in den Kühlraum eingebrachten Lebensmittel Wärme in den Kühlraum hineingebracht. Alle diese Wärme wird dem Verdampfer zugeführt und durch das verdampfende Kältemittel aus dem Kühlschrank herausgeschafft.

Bei der Kondensation von Dampf wird umgekehrt wie bei der Verdampfung eine gewisse Wärmemenge, die sog. Kondensationswärme, frei, und zwar ist diese Kondensationswärme bei gleicher Temperatur genau so groß wie die Verdampfungswärme. Wird also 1 kg Wasserdampf bei 100° kondensiert, so werden dabei auch 539 kcal frei. Soll nun im Kondensator einer Kältemaschine dauernd eine bestimmte Menge kondensiert werden, so muß die Kondensationswärme abgeführt werden, denn sonst würde dieselbe eine Temperaturerhöhung verursachen, und dann könnte bei gleichem Druck der Dampf nicht mehr kondensiert werden, sondern nur noch bei höherem. Es ergibt sich also die Notwendigkeit, den Kondensator zu kühlen. Dies macht man entweder durch fließendes Wasser oder durch Luft. Da die Temperatur dieser Medien wesentlich höher liegt als die Verdampfertemperatur, muß auch der Druck im Kondensator entsprechend höher liegen als im Verdampfer.

Man kann die Wirkung einer Kältemaschine auch so erklären, daß man sagt: Die mit Hilfe des Verdampfers aus dem Kühlraum herausgeholte Wärmemenge muß auf ein höheres Temperaturniveau gehoben und mit Hilfe des Kondensators wegbefördert werden. Als Zwischenträger dient das Kältemittel. Um den Prozeß stetig weiterlaufen zu lassen, muß man dauernd Energie in das System hineinstecken.

Bei der soeben beschriebenen Kompressionskältemaschine wird diese Energie in Form von mechanischer, bzw. elektrischer Energie dem Kompressor zugeführt. Das Kältemittel durchläuft dabei einen geschlossenen Kreislauf, ohne verbraucht zu werden.

Eine weitere Möglichkeit der künstlichen Kühlung bietet die Absorptionskältemaschine. Bei dieser wird die notwendige Energie nicht als mechanische Energie, sondern im wesentlichen als Wärmeenergie zugeführt. Verdampfung und Verflüssigung des Kältemittels erfolgen praktisch ebenso wie beim Kompressor-System; dementsprechend gibt es auch hier einen Verdampfer und einen Kondensator mit den gleichen Funktionen. Verschieden ist lediglich die Art und Weise, wie man den hohen Kondensatordruck erzeugt. Man läßt den aus dem Verdampfer kommenden Kältemitteldampf zunächst von einer Flüssigkeit aufsaugen (absorbieren), heizt dann dieses Gemisch im sog. Kocher kräftig auf, bis auf 100° und mehr. Dabei wird das Kältemittel wieder dampfförmig aus der Flüssigkeit ausgetrieben und gleichzeitig auf hohen Druck gebracht.

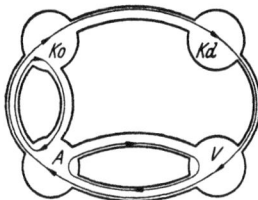
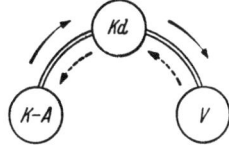

Abb. 4. Vereinfachtes Schema einer kontinuierlich arbeitenden Absorptionskältemaschine ohne Pumpen und Ventile
Ko Kocher; Kd Kondensator; V Verdampfer; A Absorber

Abb. 5. Vereinfachtes Schema einer periodisch arbeitenden Absorptionskältemaschine

Als Kältemittel verwendet man Ammoniak und als Absorptionsmittel Wasser. Im Verdampfer und Absorber muß niedriger Kältemittel-Dampfdruck, im Kondensator hoher Dampfdruck herrschen. Um diesen Unterschied ohne Ventile aufrecht zu erhalten, füllt man in den Verdampfer und den Absorber ein indifferentes oder neutrales Gas ein, das mit den anderen Medien nicht reagiert, und zwar soviel, daß derselbe Druck wie im Kondensator herrscht.

Es handelt sich um die praktische Anwendung des Daltonschen Gesetzes, nach dem in einem Gasgemisch jeder Bestandteil einen Teildruck ausübt, als wenn er in dem betr. Raume allein vorhanden wäre. Die Summe der Teildrucke stellt den Gesamtdruck dar. Kommt das Ammoniak flüssig vom Kondensator in den Verdampfer (Abb. 4), so findet es eine Wasserstoffatmosphäre vor; Wasserstoff und Ammoniakgas müssen sich in den vorhandenen Gesamtdruck teilen, wobei das Ammoniakgas einen geringeren Druck annehmen muß. Durch diesen Druckabfall über der Ammoniakflüssigkeit wird erreicht, daß sie verdampft und wieder Gasform annimmt. Das Gemisch von Wasserstoff und Ammoniak-Dampf fällt in den Absorber; dort wird der Ammoniakdampf vom Wasser aufgesogen und der Wasserstoff steigt wieder allein in den

Verdampfer zurück. So haben wir drei Kreisläufe, die aus der Abb. 4 hervorgehen: 1. Den Kreislauf des Ammoniaks durch Kocher, Kondensator, Verdampfer und Absorber, 2. den Kreislauf des Wassers zwischen Kocher und Absorber und 3. den Kreislauf des Wasserstoffs zwischen Absorber und Verdampfer.

Man kann für den Haushaltkühlschrank das Aggregat auch anders bauen und zwar nach Abb. 5 als periodische Maschine. Hier bedeutet $K—A$ den Kocher und Absorber. Kd ist der Kondensator und V der Verdampfer. Der Betrieb geht in der Weise vor sich, daß der Kocher, der ebenfalls eine Ammoniaklösung enthält, geheizt wird und die aus der Lösung ausgetriebenen Ammoniakdämpfe im Kondensator bei hohem Druck kondensiert werden. Das kondensierte Ammoniak läuft dann in den Verdampfer und speichert sich dort auf. (Richtung des ausgezogenen Pfeiles.) Ist aus dem Kocher genügend Ammoniak ausgedampft, dann stellt man die Heizung ab und läßt den Kocher abkühlen. Wenn derselbe genügend abgekühlt und damit der Druck wieder genügend niedrig geworden ist, ist der Kocher in der Lage, von neuem Ammoniakdampf zu absornieren. Das im Verdampfer angesammelte Ammoniak verdampft also und wird vom Kocher, der nun als Absorber wirkt, absorbiert, wobei Druck und Temperatur allmählich sinken. (Richtung des gestrichelten Pfeiles.) Dieser Vorgang geht solange, bis alles Ammoniak verdampft ist und der Kochprozeß von neuem eingeleitet wird.

Praktisch werden solche periodisch arbeitenden Absorptionsmaschinen für den Haushalt heute nicht mehr gebaut.

Der Vollständigkeit halber seien noch andere Methoden der Kälteerzeugung erwähnt. Verbreitet ist heutzutage noch die Kühlung durch Eis. 1 kg Eis verbraucht zum Schmelzen 80 kcal. Man kann also mit Eis ziemlich kräftige Kühlwirkungen erzielen. Allerdings ist die Kühlhaltung stets abhängig von der rechtzeitigen Eisanlieferung und die erreichten Temperaturen sind meist nicht so niedrig wie im elektrischen Kühlschrank.

Statt des gewöhnlichen Eises verwendet man in letzter Zeit auch Kohlensäureeis, das sogenannte Trockeneis. Dies ist nichts anderes als gefrorene Kohlensäure. Sie hat eine Temperatur von etwa —80°. Das besondere beim Kohlensäureeis ist, daß es nicht schmilzt, also in den flüssigen Zustand übergeht, sondern direkt verdampft, d. h. also, daß es vom festen sofort in den dampfförmigen Zustand übergeht. Dies ist für viele Zwecke ein erheblicher Vorteil, vor allem für den Transport leicht verderblicher Lebensmittel. Ein weiterer Vorteil gegenüber dem gewöhnlichen Eis ist die tiefere Temperatur, die es vor allem gestattet, Kristall- und Speiseeis für Genußzwecke herzustellen. 1 kg Kohlensäureeis benötigt zum Verdampfen etwa 150 kcal, so daß also pro Kilogramm mehr Kälteleistung aufgespeichert werden kann, als beim gewöhnlichen Eis. Der Preis des Kohlensäureeises ist allerdings auf die gleiche Kälteleistung bezogen etwa 3—5mal so hoch wie der des Wassereises, so daß seine Verwendung vorläufig auf Spezialzwecke beschränkt bleiben wird.

Mit der Kühlung durch Eis sind wir zu den sog. Verschleißprozessen gekommen, d. h. der Stoff, der einmal Kälte geleistet hat, wird verbraucht und nicht wieder zurückgewonnen. Hier ist außerdem der Vollständigkeit halber zu erwähnen die Verdampfung von alkoholähnlichen Flüssigkeiten. Die Anordnung wird dabei beispielsweise so getroffen, daß durch eine kleine Wasserstrahlpumpe in dem Verdampfungsgefäß ein bestimmter Unterdruck erzeugt wird, bei dem das Kältemittel verdampfen kann. Die Dämpfe werden von der Wasserstrahlpumpe angesaugt und mit dem Wasser zusammen fortgeleitet. Doch hat sich diese Methode der Kälteerzeugung praktisch nicht durchsetzen können, weil eben die Betriebskosten zu hoch werden. Bei der Verdampfung von 1 kg Alkohol o. ä. gewinnt man etwa 200 kcal. Dies ist im Verhältnis zu den hohen Kosten des Kältemittels sehr wenig.

Kälte dadurch zu erzeugen, daß man Wasser in die Atmosphäre hinein verdunsten läßt, scheitert leider daran, daß die erreichbaren Temperaturen nicht tief genug sind, weil in der Luft stets schon Wasserdampf vorhanden ist und dessen Druck so hoch ist, daß keine tieferen Temperaturen möglich sind. Bei feuchter Luft versagt diese Methode der Kühlhaltung vollständig.

Eine weitere Art der Kälteerzeugung stellen die sog. Kältemischungen dar. Mischt man beispielsweise Wasser oder Schnee mit verschiedenen Salzen oder Säuren, so erreicht man unter Umständen recht erhebliche Temperaturabsenkungen, die unter 0° führen. Am bekanntesten ist die Mischung von Schnee oder Eis mit Kochsalz, bei der man eine Temperatur von etwa —20° erreicht. Diese Methode wird hauptsächlich zur Speiseeiserzeugung in den Haushalteismaschinen angewendet. Abgesehen aber von diesen Sonderzwecken haben alle diese Kältemischungen für die Kühlung von Schränken keinerlei Verwendung gefunden, hauptsächlich deshalb, weil dieses Verfahren auf die Dauer zu teuer und vor allem zu umständlich wird.

V. Die Wärmeübertragung

Überall spielt bei der Erzeugung und Verwendung von Wärme bzw. Kälte die Wärme*übertragung* eine wesentliche Rolle. Da ein Verständnis aller dieser Vorgänge nur möglich ist, wenn man die Gesetze der Wärmeübertragung einigermaßen kennt, soll an dieser Stelle etwas näher darauf eingegangen werden.

Jedermann weiß aus Erfahrung, daß Wärme nur dann von einem Körper auf einen anderen übergeht, wenn zwischen beiden Körpern eine Temperaturdifferenz besteht. Es ist ferner bekannt, daß es Körper gibt, die die Wärme sehr gut leiten, vor allem die Metalle, und daß es Körper gibt, die die Wärme sehr schlecht leiten, z. B. Wolle, Gummi, Kork usw.

Die Wärmeübertragung kann auf drei verschiedene Arten erfolgen, 1. durch Strahlung; das ist also beispielsweise die Art der Wärmeübertragung, wie sie von der Sonne zur Erde erfolgt, oder wie sie von einer Glühlampe aus stattfindet. Die Strahlung spielt hauptsächlich bei hohen Temperaturen eine Rolle. Wir wollen sie daher an dieser Stelle nicht ausführlicher untersuchen.

Die 2. Art der Wärmeübertragung geschieht durch Leitung. Erwärmt man beispielsweise einen Metallstab an der einen Seite, so wird er nach einiger Zeit auch an der anderen Seite warm und zwar um so schneller und um so wärmer, je besser die Wärmeleitfähigkeit des Stabes ist. Die in der Zeiteinheit, beispielsweise pro Stunde, übergehende Wärmemenge ist um so größer, je größer die Fläche ist, durch die sie hindurchtritt und je größer der Temperaturunterschied zwischen Anfang und Ende ist. Sie ist jedoch um so kleiner, je größer die Länge des Körpers ist, d. h. je größer die Längsrichtung ist, in der der Wärmestrom fließt. Das ist beispielsweise beim Kühlschrank die Dicke der isolierten Wandung. Formelmäßig können wir das folgendermaßen ausdrücken:

$$Q = \frac{F \cdot t}{d} \lambda.$$

Hierin bedeutet Q die Wärmemenge, die pro Stunde vom wärmeren zum kälteren Teil übergeht, F die Fläche in m², t die Temperaturdifferenz in Grad Celsius, d die Dicke der Schicht in Meter und λ (Lambda) einen Faktor, der von dem verwendeten Material abhängt. Um einen Überblick über λ zu geben, seien für einige Stoffe folgende Werte genannt:

Kupfer . . .	330	Glas	0,5—0,9
Aluminium .	175	Mauerwerk .	0,75
Eisen usw. .	35—50	Korkstein .	0,035
Eis	1,5—2	Holz	0,04—0,19

Hieraus ersieht man die außerordentlich gute Leitfähigkeit der Metalle, vor allem von Kupfer. Korkstein dagegen leitet etwa 10000mal so schlecht. Wo es auf besonders gute Leitfähigkeit ankommt, wählt man daher Kupfer oder Aluminium, wo es auf besonders schlechte Leitfähigkeit ankommt Korkstein oder eines der zahlreichen anderen Isoliermittel, deren Wärmeleitzahl in der gleichen Größenordnung liegt.

Aus der obigen Formel geht hervor, daß die Wärmeleitung in einem Körper bzw. zwischen zwei Körpern gleich Null ist, wenn die Temperaturdifferenz zwischen beiden gleich Null ist. Obwohl diese Tatsache selbstverständlich und allgemein bekannt ist, muß sie hier nochmals scharf hervorgehoben werden. Überall, wo Wärmeübertragungen stattfinden, müssen entsprechende Temperaturdifferenzen bestehen. Und zwar müssen bei gleicher zu übertragender Wärmemenge die Temperaturunterschiede um so größer sein, je kleiner die Oberflächen sind, und umgekehrt. Der Körper, der Wärme an einen anderen abgeben soll, muß also stets wärmer sein als dieser andere Körper. Beispielsweise muß der

Kondensator einer Kältemaschine wärmer sein als das Kühlwasser bzw. bei Luftkühlung die Außenluft. Wenn Speisen in einem Kühlschrank gekühlt werden sollen, muß die Luft im Kühlschrank kälter sein, sonst werden sie nicht weiter gekühlt. Ebenso muß der Verdampfer in einem Kühlschrank kälter sein als die Luft im Kühlschrank, und zwar muß bei einer gegebenen Kälteleistung diese Temperaturdifferenz um so größer sein, je kleiner die Oberfläche des Verdampfers ist und umgekehrt.

Ein anderes Beispiel: Ein großes Stück Fleisch wird im Kühlschrank nur sehr langsam heruntergekühlt; denn seine Oberfläche ist im Verhältnis zu seinem Gewicht nur sehr klein. Infolgedessen kann die Wärme nur langsam übergehen. Will man also irgend etwas sehr schnell kühlen, so muß man ihm eine möglichst große Oberfläche geben.

Hiermit sind wir bereits zu der 3. Art der Wärmeübertragung gekommen, nämlich durch Konvektion. Wenn ein fester Körper an flüssiges oder gasförmiges Medium grenzt und es besteht zwischen beiden eine Temperaturdifferenz, so geht natürlich auch hier eine bestimmte Wärmemenge durch Leitung über. Sobald das flüssige oder gasförmige Medium in Bewegung kommt, tritt hierzu noch die Wärmeübertragung durch Konvektion. Beide zusammen bezeichnet man als Wärmeübergang. Auch dieser Wärmeübergang ist um so größer, je größer die Fläche und je größer die Temperaturdifferenz ist. Er ist aber außerdem davon abhängig, ob die Wärmeübertragung an Flüssigkeiten oder an Gase erfolgt bzw. umgekehrt. Der Wärmeübergang an Flüssigkeiten ist verhältnismäßig groß, noch größer, wenn die Flüssigkeit in schneller Bewegung ist. Der Wärmeübergang an Gase dagegen ist bei Atmosphärendruck verhältnismäßig klein, steigt aber ziemlich stark, wenn die Gase eine große Geschwindigkeit haben. Der Wärmeübergang an sehr schnell strömende Gase ist aber immer noch nicht so groß wie an eine ruhende bzw. schwach bewegte Flüssigkeit. Jedermann weiß aus der täglichen Erfahrung, daß der menschliche Körper beispielsweise bei ruhender Luft eine sehr große Temperaturdifferenz vertragen kann, daß dagegen bei starkem Wind bei gleicher Temperaturdifferenz der Körper viel stärker durchgekühlt wird und daß der menschliche Körper im Wasser nur sehr geringe Temperaturdifferenzen vertragen kann.

Ein weiteres Beispiel: Stellt man eine Flasche in kaltes Wasser, so wird sie viel schneller gekühlt, als wenn man sie in kalte Luft stellt. Faßt man mit der Hand in kochendes Wasser, so wird man sich unfehlbar verbrühen, dagegen kann man ohne weiteres längere Zeit die Hand in heiße Luft von etwa 100° halten.

Um einen Überblick über die beim Betriebe von Kühlschränken auftretenden Temperaturdifferenzen zu gewinnen, sei auf Abb. 6 verwiesen. Man sieht dort einen Schnitt durch einen Kühlschrank mit eingezeichneten Temperaturen und erkennt, daß das Kältemittel in den Verdampferschlangen eine Temperatur von —10° hat. Die Verdampferschlange selbst hat etwa —7°, die um die Verdampferschlange liegende Sole[1] —4°, die Wandung des Solekessels —2°, die Luft im Kühlraum +3°, eine auf dem Rost stehende Speise +5°, die Innenwand des Kühlschrankes +4°, die Außenwand des Kühlschrankes +21° und die Außenluft um den Kühlschrank +22°. Es sind dies willkürlich gewählte Verhältnisse, wie sie ohne weiteres auftreten können. Sie zeigen, daß überall Temperaturdifferenzen notwendig sind, um Wärmemengen, bzw. Kältemengen zu übertragen. Es ist von besonderer Wichtigkeit, daß man sich über diese Tatsache vollständig klar wird.

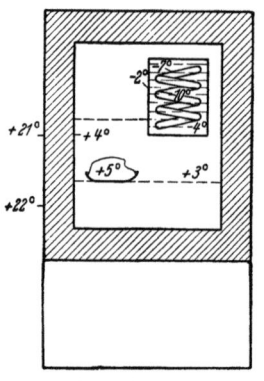

Abb. 6. Beispiel einer Temperaturverteilung im Kühlschrank

B. Die praktische Durchbildung der Kühlschränke

VI. Die Durchbildung der einzelnen Teile der Kompressorkältemaschinen

In Abb. 3 ist eine schematische Darstellung einer Kompressormaschine einfachster Bauart gezeichnet. In Wirklichkeit kommen bei der praktischen Ausführung natürlich noch einige Teile dazu. Die Abb. 7 zeigt nun eine schematische Darstellung einer betriebsfähigen Maschine. An Hand dieser Abbildung sollen die wichtigsten Einzelteile besprochen und erläutert werden.

Der Kompressor, auch Verdichter genannt, ist entweder ein Kolbenkompressor oder Rotationskompressor. Die Wirkungsweise eines Kolbenkompressors darf im wesentlichen als bekannt vorausgesetzt werden. Bei dem einen Kolbenhube wird das dampfförmige Kältemittel angesaugt und beim nächsten Hube auf den notwendigen Druck verdichtet und dann durch ein Ventil in die Druckleitung zum Kondensator hineingeschoben. Bei kleineren

---

[1] Die Verwendung von Sole ist bei Haushaltkühlschränken heute nicht mehr üblich.

Kühlschränken verwendet man Einzylinderkompressoren, bei den größeren Typen wegen des gleichmäßigeren und ruhigeren Laufes vielfach Zweizylinderkompressoren. Die Tourenzahl des Kompressors wird im Durchschnitt zu etwa 300—400 pro Minute gewählt; einige Ausführungen gehen bei direkter Kupplung mit dem Motor heute schon bis 1500 Touren herauf. Naturgemäß verlangen dieselben hohe Präzision in der Herstellung.

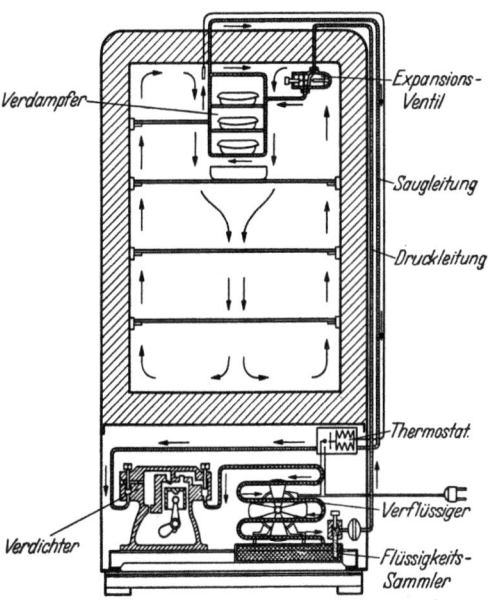

Abb. 7. „Schematische Darstellung eines Kompressionskühlschrankes" (Ate)

Ein Beispiel für einen Rotationskompressor, auch Rollkolbenkompressor genannt, zeigt Abb. 8 im Schema. Auf der Welle C sitzt exzentrisch ein Zylinder 3 und ein Ring 2. Dieser rollt innen an der Verdichterwand ab. Durch die Saugöffnung A strömt das Gas vom Verdampfer ein und durch die Druckleitung B wieder in den Kondensator aus. Die Saug- und Druckseiten des Kompressors werden durch einen beweglichen Schieber 1 gegeneinander abgedichtet, der durch eine Feder stets fest auf den abrollenden Ring 2 aufgedrückt wird. In der gezeichneten Stellung ist der Saugraum klein, der Druckraum groß. Bei weiterer Drehung verkleinert sich der Druckraum immer mehr, d. h. das Gas wird zusammengepreßt und schließlich durch die Druckleitung B, in der noch ein Ventil sitzt, ausgestoßen. Abb. 9 zeigt eine ähnliche Verdichterkonstruktion mit abgenommenem Deckel in der Ansicht. Solche Rotationskompressoren laufen sehr ruhig und erschütterungsfrei.

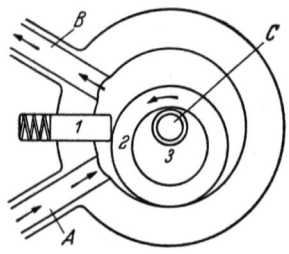

Abb. 8. Schema eines Rollkolbenkompressors (Norge) aus „Elektrizitätsverwertung". Zürich, Sept.-Okt. 1949

Bei der Kompression werden Gase bekanntlich stark erhitzt, deshalb muß der Kompressor wenigstens in mäßigem Umfange gekühlt werden. Meistens wird der Kompressor daher mit Rippen versehen. Die Schmierung des Kompressors geschieht durch Öl. Das reichlich vorgesehene Schmieröl füllt im allgemeinen den unteren Kurbelkasten an. Einige Typen haben auch eine besondere Ölpumpe. Ein geringer Teil des Öles wird in Nebelform mit dem verdichteten Kältemittel mitgerissen. Dieses Öl kann entweder den ganzen Kreislauf durch die Maschine mitmachen. Man muß dann dafür sorgen, daß es sich nicht an einer toten Stelle in der Leitung absetzen kann, beispielsweise im Verdampfer, und sich dann so anhäuft, daß der weitere Betrieb der Maschine unmöglich wird.

Abb. 9. Rollkolbenkompressor in der Ansicht nach Abnahme des Deckels (Siemens)

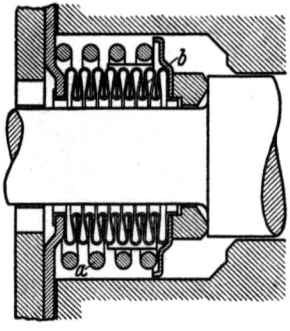

Abb. 10. Stopfbüchse zur Abdichtung von Kompressorwellen

Ein wichtiger Punkt bei allen Kompressoren ist die *Stopfbüchse*. Die Kurbelwelle muß durch das Gehäuse des Kompressors hindurchgeführt werden, weil außen die Riemenscheibe sitzt, die vom Motor angetrieben wird (S. auch Abb. 50).

Eine spezielle Ausführungsform einer Stopfbüchse zeigt Abb. 10. Mit verschiedenen Variationen sieht man eine derartige „Membranstopfbüchse" heute vielfach. Ein Druckring aus Graphit-

Die Durchbildung der Teile der Kompressorkältemaschinen 17

bronze ist mit der balgartigen Membran b fest verbunden. Durch die Feder a wird er gegen die Stirnseite der Welle gepreßt. Der Druckring steht still, während die Welle rotiert. Die dichtenden Flächen, die aufeinander laufen, sind also eben und nicht zylinderförmig. Das ist der große Vorteil dieser Ausführung. Denn wenn sich hier das Material etwas abnutzt, sagen wir mal um $1/10$ mm, so preßt die Spiralfeder a sofort nach, so daß keine Undichtigkeit entstehen kann.

Die Stopfbüchse ist eines der wichtigsten Teile in der Maschine. Von ihrem einwandfreien Betrieb hängt alles ab. Denn sobald sie undicht ist, entweicht das Gas und die Kälteleistung hört bald ganz auf.

Um die Schwierigkeiten der Stopfbüchse zu vermeiden, hat man schon frühzeitig versucht, den Motor mit dem Kompressor zusammen in eine Kapsel einzubauen, die nach außen hin gasdicht abgeschlossen ist. Man braucht nun keine Welle mehr durch das äußere Gehäuse, d. h. die Kapsel hindurchzuführen. Eine Stopfbüchse wird damit unnötig; eine geringe Undichtigkeit an der Welle kann ohne weiteres in Kauf genommen werden. Wichtig ist nur, daß Luft und Feuchtigkeit restlos aus der Kapsel entfernt sind, d. h. daß nur noch reiner Kältemitteldampf und Schmieröl in ihr enthalten sind. Voraussetzung ist dabei, daß die Fabrikation sehr präzise durchgeführt wird. Die Wicklung des Motors wird bei völliger Wasserfreiheit des Kältemittels von letzterem nicht angegriffen. Langjährige Erfahrungen zeigen, daß bei richtiger Beachtung aller Vorschriften durch diese vollkommene Kapselung keine Schwierigkeiten entstehen. Die Stromdurchführungen durch die Kapsel lassen sich sicher beherrschen, denn es handelt sich ja hier um die Abdichtung vollkommen unbewegter Teile. In Fortfall kommt bei diesen Typen auch der Reibungsverlust der Stopfbüchse. Unter sonst gleichen Verhältnissen ist daher der Strombedarf eines gekapselten Aggregates geringer als der eines sog. ,,offenen" Aggregates mit Stopfbüchse.

Bei allen gekapselten Ausführungen kuppelt man Motor und Kompressor direkt, d. h. man läßt den Kompressor mit der gleichen Tourenzahl laufen wie den Motor. Üblich ist heute eine Tourenzahl von 1450 pro Min. Die Riemenübertragung fällt somit fort, und die Abmessungen des Kompressors werden recht klein.

Bei diesen gekapselten Ausführungen ist man bezüglich des Antriebs naturgemäß auf Kurzschlußankermotoren beschränkt. Für Gleichstrom, wo ein Kollektormotor erforderlich ist, können daher solche Aggregate nicht gebaut werden. Abb. 11 zeigt ein Schema einer solchen gekapselten Kältemaschine.

Das vom Verdampfer h kommende Kältemittelgas tritt über die Saugleitung i, die durch die Kapselwand bei 1 hindurchgeführt ist, in den Kompressor b ein. Aus der Druckleitung des Kompressors, der im vorliegenden Falle ein rotierender Kompressor ist, tritt das Gas bei 2 über die Leitung c in den Vorkühler d und von dort in den Kapselraum, von wo eine Leitung in den Kondensator e führt.

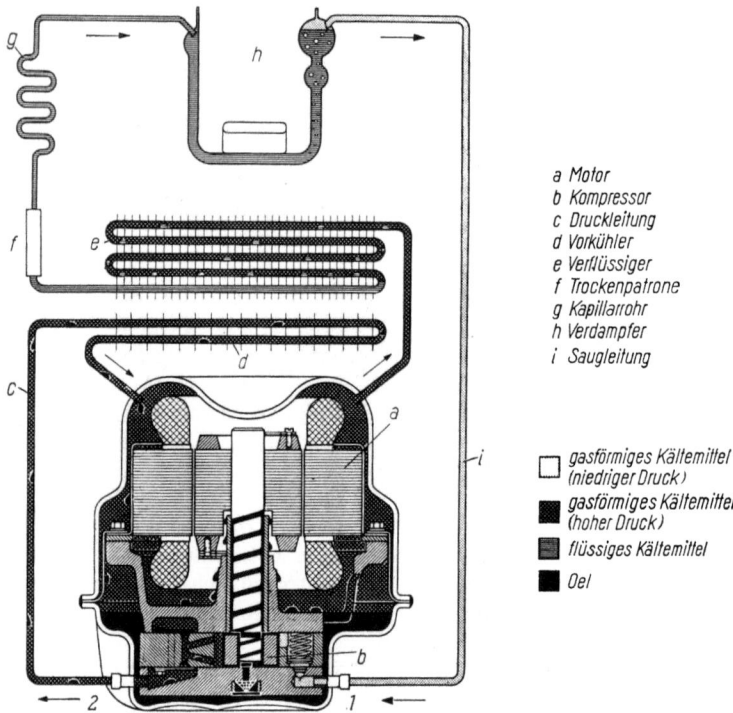

a Motor
b Kompressor
c Druckleitung
d Vorkühler
e Verflüssiger
f Trockenpatrone
g Kapillarrohr
h Verdampfer
i Saugleitung

gasförmiges Kältemittel (niedriger Druck)
gasförmiges Kältemittel (hoher Druck)
flüssiges Kältemittel
Oel

Abb. 11. Schema einer gekapselten Kompressorkältemaschine (Siemens)

In der Kapsel herrscht also der gleiche Druck wie im Kondensator. Man kann grundsätzlich die Anordnung auch umgekehrt treffen, nämlich so, daß man in der Kapsel Saugdruck, d. h. denselben Druck wie im Verdampfer hat.

Solche „gekapselten" Kühlaggregate sind seit Jahrzehnten mit gutem Erfolg auf dem Markt und haben sich bei Haushaltkühlschränken restlos durchgesetzt. Sie haben einen geringeren Materialaufwand als die „offenen" Maschinen und sind bei sorgfältiger Fertigung und Verwendung einwandfreier Materialien sehr betriebssicher.

Die Kompressoren, insbesondere die Kolbenkompressoren, verlangen im Anlauf ein ziemlich hohes Drehmoment, das von einem normalen Wechselstrommotor nur mit besonderen Hilfsmitteln erzielt werden kann. Ausführlich wird darauf noch im nächsten Kapitel Bezug genommen. Um diese Schwierigkeiten zu umgehen, baut man neuerdings die Kompressoren teilweise mit einer Anlauf-Entlastung, d. h. im Stillstand werden Saug- und Druckraum des Kompressors durch eine Leitung verbunden. Der Kompressor fördert damit bei den ersten Umdrehungen ohne Gegendruck in den Saugraum, läuft also leer an und erfordert infolgedessen im Anlauf nur ein geringes Drehmoment. Erst wenn ungefähr die normale Tourenzahl erreicht ist, wird diese Umgehungsleitung geschlossen. Man kann diese Umgehungsleitung beispielsweise durch ein elektromagnetisch betätigtes Ventil schließen. Eine andere Lösung bietet der von der Ölpumpe erzeugte Druck, der durch einen Kolben oder eine Ventilnadel die Umgehungsleitung verschließt. Der Vorteil einer derartigen Anordnung besteht darin, daß man den Motor nur für die normale Belastung zu dimensionieren braucht; man braucht nicht in Rücksicht auf den Anlauf ein größeres Modell zu wählen. Infolgedessen ist der Wirkungsgrad und der Stromverbrauch entsprechend günstiger.

Man kann auch, insbesondere bei rotierenden Kompressoren, diesen Druckausgleich sich selbsttätig bei Stillstand durch die natürlichen Undichtigkeiten des Kompressors zwischen Druck- und Saugseite bilden lassen. Das hat allerdings zur Voraussetzung, daß in der Saugleitung ein Rückschlagventil eingebaut ist, das verhindert, daß sich der Druckausgleich bis zum Verdampfer fortpflanzt. Wenn auf diese Weise der Raum, in dem der Druckausgleich stattfindet, klein ist, dauert es etwa 10—20 sec, bis nach Abschalten der Maschine der Druck auf beiden Seiten gleich geworden ist. Damit ist für den nächsten Anlauf die Entlastung hergestellt.

Der *Kondensator* hat, wie bereits früher erwähnt, die Aufgabe, das Kältemittel zu verflüssigen. Er kann diese Aufgabe nur erfüllen, wenn er mit genügender Oberfläche ausgeführt ist, um die bei der Kondensation entstehende Wärme abzuführen. Bei Kühlung durch fließendes Wasser braucht die Oberfläche nur verhältnismäßig gering zu sein, weil der Wärmeübergang zwischen Metall und Wasser sehr groß ist. Bei einem luftgekühlten Kondensator, wie er für die modernen Haushaltkühlschränke durchweg verwendet wird, muß die Oberfläche erheblich größer sein. Man verwendet für derartige luftgekühlte Kondensatoren Kupfer- oder Eisenrohre in genügender Länge, die meist der Materialersparnis wegen mit Rippen versehen sind. Außerdem sieht man vielfach einen Ventilator vor, der die Luft mit großer Geschwindigkeit an den Kondensatorrohren vorbeibläst, weil dadurch die Oberfläche kleiner gehalten werden kann. Diesen Ventilator setzt man fast durchweg auf die Kompressor- oder Motorwelle, d. h. man vereinigt den Ventilator mit der Antriebsriemenscheibe.

Bei gekapselten Maschinen hat man nicht die Möglichkeit, den Ventilator auf die Motorwelle zu setzen. Man muß entweder einen besonderen Motor dafür vorsehen, oder aber den Kondensator so groß machen, daß der natürliche Luftzug ihn genügend kühlt. Heute wählt man im allgemeinen die letztere Konstruktion, weil sie billiger ist und man das zusätzliche Ventilationsgeräusch vermeidet. Der Kondensator muß so angeordnet werden, daß sich in einem Luftschacht eine kräftige Kaminwirkung ergibt. Diesen Luftschacht kann man praktisch nur hinter dem Schrank vorsehen, und es ist dabei gleichgültig, ob der Kondensator unter dem Schrank zusammen mit der Maschine oder an der Rückwand des Schrankes angeordnet ist. Maßgebend ist lediglich, daß die erwärmte Luft ohne besonderen Widerstand durch ihre natürliche Auftriebstendenz nach oben abziehen kann.

Man kann im allgemeinen rechnen, daß der Kondensator einer luftgekühlten Maschine auf etwa 10—20° über Raumtemperatur kommt. Diese Temperaturdifferenz ist notwendig, um die Wärme an die Luft abzuführen. Aus den Dampfdruckkurven der Abb. 2 gehen die Drücke hervor, die mindestens im Kondensator herrschen müssen, um das Kältemittel zu verflüssigen. Man ersieht daraus beispielsweise, daß bei einer Raumtemperatur von 25° und einer entsprechenden Kondensatortemperatur von 35° der Druck bei Verwendung von Frigen etwa 9 at betragen muß. Dieser Druck wird automatisch vom Kompressor erreicht; denn solange im Kondensator noch nichts kondensiert, staut sich das Kältemittel auf, so daß der Druck durch das neu hinzukommende Gas dauernd höher wird. Erst wenn der Druck so hoch ist, daß alles zugeführte Kältemittel kondensiert werden kann, ist der Gleichgewichtszustand erreicht.

Bleibt bei einem wassergekühlten Kondensator das Kühlwasser aus, so kann nicht mehr die notwendige Wärme abgeführt werden. Die Folge davon ist, daß die Temperatur dauernd steigt, ohne daß das Kältemittel zur Kondensation kommt. Der Kompressor fördert immer neues Gas in den Kondensator und damit steigen der Druck und die Temperatur dauernd weiter. Es ist dann möglich, daß der Kondensator dieser Überbeanspruchung nicht mehr gewachsen ist und an einer Stelle platzt. Damit können natürlich

Die Durchbildung der Teile der Kompressorkältemaschinen 21

sehr unliebsame Unfälle verbunden sein. Man muß daher bei allen wassergekühlten Kondensatoren eine Sicherheitsvorrichtung einbauen, die bei Ausbleiben des Kühlwassers den Motor sofort abschaltet.

Bei Luftkühlung ist eine derartige Sicherheitsvorrichtung nicht notwendig, da eben die Luft nicht ausbleiben kann. Selbst für den außergewöhnlich unwahrscheinlichen Fall, daß der Ventilator einmal versagen sollte (durch Bruch o. ä.), wäre die Kühlung durch ruhende Luft immer noch genügend groß, um gefährliche Überdrücke und Temperaturen zu vermeiden.

Vom Kondensator tritt das flüssige Kältemittel durch das sog. *Reduzierventil* in den Verdampfer ein. Dieses Reduzierventil ist ein wichtiges Teil im Kühlschrank; denn es hat die Aufgabe, den hohen Kondensatordruck auf den niedrigen Verdampferdruck zu reduzieren. Es besteht im wesentlichen aus einer feinen Öffnung, deren Größe jedoch in bestimmten Grenzen geändert werden muß. Eine einmalige feste Einstellung dieses Ventils ist nicht möglich, da sowohl der Kondensator-, wie auch der Verdampferdruck sich dauernd ändern können. Der Kondensatordruck ist weitgehend abhängig von der Außentemperatur. Je höher die Außentemperatur, um so höher der Kondensatordruck und umgekehrt.

Der Verdampferdruck schwankt nicht so stark, aber immerhin auch in gewissen Grenzen. Es ist wichtig zu wissen, daß der Wirkungsgrad einer Kältemaschine um so höher liegt, je höher die Verdampfertemperatur ist. Man wird also danach streben, die Verdampfertemperatur und damit den Verdampferdruck so hoch wie möglich zu halten. Andererseits muß die Verdampfertemperatur stets unter der gewünschten Schranktemperatur liegen, damit die geleistete Kälte an den Schrank übertragen werden kann, und zwar muß die Verdampfertemperatur etwa 5—10° unter der Schranktemperatur liegen. Da die Schranktemperatur um etwa 2—3° schwankt, bei Einbringen von größeren Mengen warmen Kühlgutes aber noch stärker schwanken kann und außerdem die Kälteleistung mit der Außentemperatur sich ändert, so schwankt also der günstigste Verdampferdruck in gewissen Grenzen. Bei großen Kühlanlagen wird das Reduzierventil durch geschulte Monteure von Hand gestellt. Das ist natürlich bei einem Haushaltkühlschrank nicht möglich. Es gibt verschiedene Lösungen, die Steuerung dieses Reduzierventils selbsttätig zu machen.

Man unterscheidet grundsätzlich drei verschiedene Ausführungsmöglichkeiten. Bei der ersten wird der Verdampfer*druck* konstant gehalten. Hierzu dienen die sog. Membranreduzierventile oder auch Expansionsventile genannt. Bei der zweiten wird der

Flüssigkeitsstand im Verdampfer konstant gehalten. Diese Aufgabe lösen die sog. Schwimmerregulierventile.

Das Prinzip des Expansionsventils ersieht man aus Abb. 12. Eine elastische Membrane a steht unter dem Druck des Verdampfers; durch eine Feder b wird ihr das Gleichgewicht gehalten. Das Kältemittel kommt in Richtung des Pfeils vom Kompressor und tritt durch die feine Öffnung c zum Verdampfer über. Hierdurch erfolgt die gewünschte Druckverminderung. Steigt nun aus irgendeinem Grunde der Verdampferdruck, beispielsweise dadurch, daß zuviel Kältemittel hereinkommt, dann wird durch diesen höheren Druck die Membrane zusammengedrückt, und dadurch schließt der Ventilkegel d die Öffnung c wieder weiter zu. Tritt umgekehrt

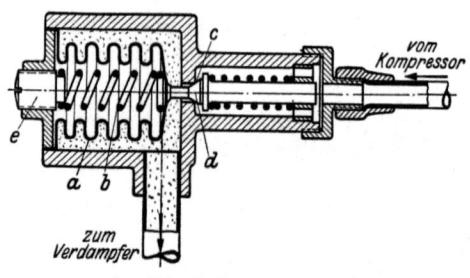

Abb. 12. Expansionsventil

ein zu tiefer Verdampferdruck auf, beispielsweise dadurch, daß die feine Öffnung sich zugesetzt hat, so drückt sich die Membrane, von der Feder nachgeschoben, auseinander und öffnet damit wieder gewaltsam das Ventil. Auf diese Weise wird ziemlich gleichmäßig derselbe Verdampderdruck unabhängig von den verschiedenen Betriebszuständen aufrecht erhalten.

Die zweite Art der Regelung nach dem Flüssigkeitsstand im Verdampfer war früher bei den meisten Haushaltkühlschränken üblich. Abb. 13 zeigt ein derartiges Schwimmerventil. In ein Gefäß tropft von oben, vom Kondensator herkommend, flüssiges Kältemittel. Auf der Flüssigkeit schwimmt eine Hohlkugel. Steigt nun die Flüssigkeit, so hebt sich die Schwimmerkugel und öffnet über einen Winkelhebel d das Ventil. Daraufhin wird durch den hohen Druckunterschied eine gewisse Menge Flüssigkeit in den Verdampfer „eingespritzt", der Flüssigkeitsspiegel sinkt wieder und die Ventilöffnung schließt sich erneut. Dieser Vorgang wiederholt sich in einem Abstand von etwa $\frac{1}{2}$ bis 1 Minute ständig. Bei geöffneter Schranktür kann man das Einspritzgeräusch sehr deutlich hören. Bei den meisten Ausführungen liegt der Schwimmerkörper auf der Hochdruckseite; man kann ihn aber auch auf der Niederdruckseite anordnen. Hier stellt sich der richtige Verdampferdruck vollständig automatisch ein; denn es wird nur soviel neues Kältemittel zugelassen, wie verdampft.

Eine dritte Möglichkeit der Druckentspannung, die sich in den letzten Jahren vollkommen durchgesetzt hat, ist das sogenannte Kapillarrohr. Das ist ein ziemlich langes Rohr von sehr kleinem Querschnitt. Der Widerstand, den es dem flüssigen Kältemittel bietet, ist so groß, daß der hohe Druckunterschied zwischen Kondensator und Verdampfer gebraucht wird, um die Flüssigkeit hindurchzutreiben, d. h. also den notwendigen Druckunterschied ständig aufrecht zu erhalten und gleichzeitig eine bestimmte Menge Kältemittel durchzulassen. Voraussetzung ist, daß das Rohr außerordentlich sauber ist und daß im Kältemittelkreislauf keine Verunreinigungen sind; sonst setzt sich das Kapillarrohr sehr schnell zu. Meist wird das Kapillarrohr mit dem Saugrohr wärmeleitend verbunden; der hierdurch bedingte Temperaturausgleich bewirkt eine Energieersparnis.

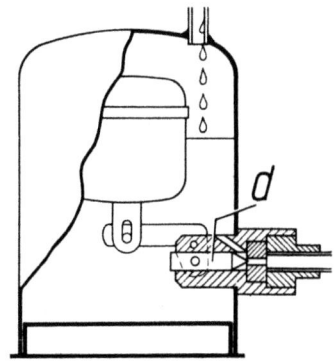

Abb. 13. Schwimmerregulierventil

Für den *Verdampfer* gibt es ebenfalls eine Reihe verschiedener Bauarten. Sie richten sich im wesentlichen nach dem verwendeten Regulierventil. In Verbindung mit dem Expansionsventil verwendet man Rohrschlangenverdampfer, sog. „trockene" Verdampfer. Durch das Reduzierventil wird das Kältemittel in Nebelform in die Schlangen eingespritzt. Die Rohre sind nicht mit Flüssigkeit gefüllt, sondern nur flüssigkeitsbenetzt, daher der nicht ganz richtige Ausdruck „trockene Verdampfer". Die Menge des umlaufenden Kältemittels ist infolge des konstanten Verdampfer-

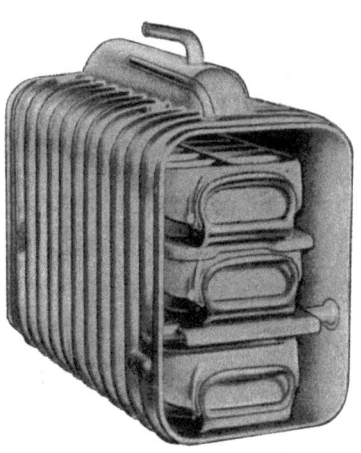

Abb. 14. „Überfluteter" Verdampfer

druckes ziemlich gleichmäßig. Eine selbsttätige Anpassung an verschiedene Belastungszustände erfolgt nicht. In einigen neueren Ausführungen versucht man, auch diesen Einfluß zu erfassen.

In Verbindung mit dem Schwimmerventil verwendet man sog. „überflutete" Verdampfer (Abb. 14). Das Rohrschlangensystem ist mehr oder weniger vollständig mit flüssigem Kältemittel gefüllt. Die Rohre sind daher „überflutet", was für einen guten Wärmeübergang zweckmäßig ist. Der Verdampferdruck steigt mit zunehmender Belastung an; es wird infolgedessen mehr Kältemittel abgesaugt, und die Kälteleistung steigt. Ebenso umgekehrt. Durch diese selbsttätige Anpassung wird ein hoher Wirkungsgrad gewährleistet.

Abb. 15
Evidal Verdampfer aus geschweißtem Aluminiumblech

Für Verdampfer von Haushaltkühlschränken sind heute im wesentlichen sog. Blech- oder Plattenverdampfer üblich. Bei ihnen schweißt oder lötet man 2 Bleche aufeinander, die halbkreisförmige Vertiefungen eingeprägt bekommen, und biegt dann die beiden Bleche ebenfalls zu einer U-Form oder L-Form zusammen. Auf diese Weise wird innerhalb des Verdampfers ein Zirkulationssystem geschaffen (Abb. 15). Man kann aber die beiden Platten auch eben lassen und hat dann einen ganz flachen Verdampfer, der über die ganze Breite des Kühlschrankes geht.

Die Verdampfer sind ständig der Feuchtigkeit der Kühlraumluft ausgesetzt. Man baut sie daher aus Messing oder Kupfer, das außen verzinnt wird. Heute verwendet man vielfach eloxiertes Aluminium.

VII. Die elektrischen Antriebe der Kompressorkältemaschinen

Für den Antrieb der Kompressoren kommen Universalmotoren für Gleich- und Wechselstrom, wie sie für Staubsauger, Heißluftduschen usw. Verwendung finden, wegen ihrer hohen Tourenzahl nicht in Frage, sondern nur die üblichen Motoren, die jeweils für eine bestimmte Stromart gebaut sind.

Bevor die einzelnen Ausführungen beschrieben werden, sollen die Bedingungen untersucht werden, unter denen die Motoren arbeiten müssen. Die größte Schwierigkeit liegt im Anlauf. Kompressoren, insbesondere Kolbenkompressoren, erfordern im Anlauf ein 3—4fach so hohes Drehmoment wie bei voller Tourenzahl. Nur bei den Kompressoren, bei denen im Anlauf eine Druckentlastung vorgesehen ist, ist das notwendige Anlaufmoment kleiner. Da die kleineren Motore außerdem direkt eingeschaltet werden sollen, sind besondere Hilfsmittel notwendig, ein so hohes Anlaufmoment zu erzielen. In den Fällen, wo keine Anlaufentlastung vorgesehen ist, wird die Dauerleistung der Motoren höher gewählt, als der Kraftbedarf, an der Kompressorwelle gemessen. Dann braucht das Anlaufmoment im Verhältnis zum Normalmoment des Motors nicht so hoch zu sein, wie oben angegeben. Bei den Forderung nach der Höhe des Anlaufmomentes ist daher stets der Bezugwert anzugeben, auf den sich das Anlaufmoment bezieht.

Als Gleichstrommotore kommen nur Nebenschlußmotore mit einer zusätzlichen Reihenschlußwicklung in Frage (Abb. 16). Man nennt diese Motorenart bekanntlich einen Doppelschlußmotor. Die Reihenschlußwicklung $E—F$ verstärkt während des Anlaufes infolge des hohen Anlaufstromes das Magnetfeld der Nebenschlußwicklung $C—D$ sehr kräftig, so daß das notwendige hohe Drehmoment gebildet werden kann. Um die Funkenbildung am Kollektor zu beschränken, werden noch Wendepole $G—H$ vorgesehen, die um 90° gegen die Hauptpole versetzt sind. Man schaltet derartige Gleichstrommotoren heute bis zu Leistungen von 1 PS direkt ans Netz.

Den einfachsten Aufbau haben die Drehstrommotoren (Abb. 17). Der Läufer M trägt eine in sich kurz geschlossene Wicklung ohne Kollektor, ohne Bürsten. Die Stäbe im Läufer sind entweder aus Kupfer oder aus Aluminium und im letzteren Falle direkt in die Nuten eingespritzt. Da die Nuten länglich sind, wirken die Leiter stromvermindernd im Anlauf (Stromdämpfungsläufer). Der Ständer besteht aus drei Wicklungen U, V, W, die um 120° gegeneinander versetzt sind, und dadurch ein Drehfeld erzeugen, das den Läufer mitnimmt. Der Drehstrommotor entwickelt ohne besondere Hilfsmittel bei entsprechender Bemessung das 2,7fache Anlaufmoment bei nur 4fachem Anlaufstrom; er wird ebenfalls direkt ans Netz geschaltet.

Die größten Schwierigkeiten bietet der Einphasen-Wechselstrommotor, der für fast alle Haushaltskühlschränke in Frage kommt. Der Läufer eines solchen Motors ist der gleiche Kurzschlußläufer wie beim Drehstrommotor. Bei Wechselstrom entsteht aber bei Stillstand des Läufers zunächst kein rotierendes magnetisches Feld, sondern nur ein pulsierendes. Erst wenn der Läufer einmal in Drehung ist, tritt auch ein rotierendes magnetisches Feld auf. Man muß also durch besondere Hilfsmittel dafür sorgen, daß auch bei stillstehendem Läufer ein Drehfeld auftritt, damit der Motor überhaupt anläuft.

Die einfachste Lösung zeigt Abb. 18. Außer der Hauptwicklung U—V ist noch eine Hilfswicklung W—Z im Ständer vorhanden, die aus vielen dünnen Drähten so gewickelt ist, daß sie einen hohen Widerstand, aber eine möglichst kleine Induktivität besitzt.

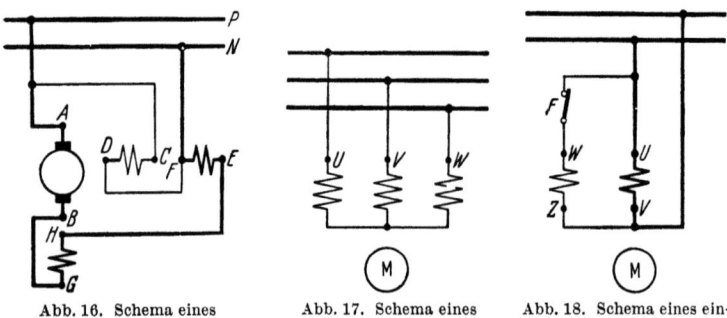

Abb. 16. Schema eines Gleichstrommotors

Abb. 17. Schema eines Drehstrommotors

Abb. 18. Schema eines einfachen Wechselstrommotors

Daher eilt der Strom in dieser Hilfswicklung W—Z zeitlich etwas gegen den Strom in der Hauptwicklung vor und das gewünschte Drehfeld kommt zustande.

Mit diesem Einphasen-Induktionsmotor lassen sich Anlaufmomente herausholen, die etwa gleich dem 1,5fachen Nennmoment sind. Eine Verwendung für Kühlschränke kommt nur dann in Frage, wenn man zwischen Motor und Kompressor eine Fliehkraftkupplung einschaltet oder bei Stillstand einen Druckausgleich zwischen Saug- und Druckseite vorsieht oder den Motor erheblich überdimensioniert. Erwähnt sei noch, daß die Hilfswicklung W—Z nur während des Anlaufes eingeschaltet ist. Nach erfolgtem Anlauf muß sie abgeschaltet werden, weil sie sonst überlastet wird. Diese Abschaltung nimmt man zweckmäßig durch einen Fliehkraftschalter F oder ein Relais vor, das kurz vor Erreichen der Nenndrehzahl anspricht.

Der zweite Weg, in der Hilfswicklung eine Phasenverschiebung zu erzielen, ist wesentlich wirksamer. Anstatt den Widerstand zu erhöhen, schaltet man einen Kondensator in die Leitung der Hilfswicklung ein. Auf diese Weise eilt der Strom in der Hilfswicklung dem Strom in der Hauptwicklung viel weiter voraus und es entsteht ein kräftigeres Drehfeld. Je größer der Kondensator bemessen wird, um so größer wird — bis zu bestimmten Grenzen — die Phasenverschiebung und um so stärker das Drehfeld.

Für die Schaltung des Kondensators gibt es drei Möglichkeiten. Die erste Möglichkeit besteht darin, den Kondensator dauernd eingeschaltet zu lassen. Dann kann man ihn allerdings nicht genügend stark bemessen, weil die Hilfsspule sonst überlastet würde. Die zweite Möglichkeit ist infolgedessen die, den Kondensator so stark zu bemessen, wie es notwendig ist. Dann aber muß man ihn durch einen Fliehkraftschalter nach Beendigung des Anlaufes abschalten. Dies ergibt im Prinzip dieselbe Schaltung wie bei dem einfachen Induktionsmotor mit Hilfsphase. Aber auch diese Schaltung hat noch einen Nachteil. Der Ständer des Motors wird nur zu zwei Drittel ausgenutzt und man braucht ein größeres Motormodell.

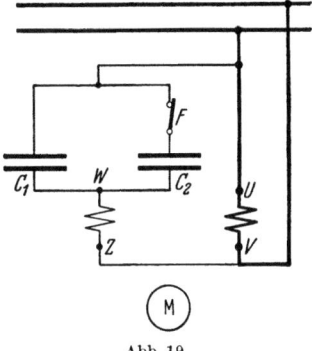

Abb. 19
Schema eines Kondensatormotors

Es liegt daher nahe, beide Schaltungen zu kombinieren. Die dritte Möglichkeit besteht also darin, *einen* Kondensator stets eingeschaltet zu lassen und einen zweiten nur während des Anlaufes einzuschalten. Abb. 19 zeigt ein derartiges Schaltungsschema. M ist der in sich kurz geschlossene Läufer. $U-V$ ist die Hauptwicklung und $W-Z$ die Hilfswicklung. In den Stromkreis der Hilfswicklung sind die beiden Kondensatoren C_1 und C_2 eingeschaltet. C_2 wird durch den Fliehkraftschalter F nach Erreichen der normalen Tourenzahl ausgeschaltet, während über C_1 die Hilfsspule $W-Z$ dauernd am Netz bleibt.

Mit dieser Anordnung gelingt es, die verlangten hohen Drehmomente im Anlauf herauszuholen. Der besondere Vorteil der Kondensatormotoren ist der, daß ihr $\cos\varphi$ praktisch gleich 1 wird. Der dauernd eingeschaltete Kondensator ist entsprechend groß bemessen.

Der Fliehkraftschalter F kann in manchen Fällen unerwünscht sein, weil er unmittelbar in der Nähe des Läufers liegen muß. Für alle die Motoren, die in das Kühlaggregat eingebaut werden, ist er sogar eine Unmöglichkeit. Man kann ihn aber durch einen Überstromschalter ersetzen. Beim Einschalten des Motors ist der Strom in der Hauptwicklung sehr stark; ein Relais, das von diesem Strom durchflossen wird, schaltet die Hilfswicklung ein; sobald der Strom in der Hauptwicklung auf seinen normalen Wert gefallen ist, schaltet das Relais wieder ab.

Man muß für alle Kühlschrankmotoren einen Überlastungsschutzschalter vorsehen. Ist beispielsweise die Spannung im Netz erheblich zu niedrig, so reicht das Drehmoment des Motors zum Anlauf nicht aus, so daß er durch den hohen Kurzschlußstrom gefährdet ist. Ferner wird der Motor beim ersten Anlauf überlastet, wenn der Kompressor und damit das Schmieröl sehr kalt sind oder wenn bei sehr heißem Wetter der Verdampfer sehr warm ist. Bei den Kompressoren mit Druckentlastung tritt eine Überlastung ein, wenn wenige Sekunden nach dem Ausschalten wieder eingeschaltet wird, weil der Druckausgleich so schnell noch nicht zustande gekommen ist.

Abb. 20. Hilfsphasenrelais und automatischer Motorschutzschalter

Man kann einen solchen Überstromschalter genau so wie einen normalen Sicherungsautomaten bauen, d. h. so, daß bei Überlastung ein Knopf herausspringt, den man dann von Hand wieder eindrücken muß. Neue Konstruktionen sind so eingerichtet, daß das Wiedereinschalten nach kurzer Zeit automatisch erfolgt, so daß also die Hausfrau keinerlei Überwachung auszuüben braucht. Die meisten Ursachen für das Auslösen des Schutzschalters sind nämlich nach einiger Zeit von selbst beseitigt, und es wird so vermieden, daß der Kühlschrank bei Unaufmerksamkeit seines Besitzers außer Betrieb kommt, warm wird und die Lebensmittel verderben.

Abb. 20 zeigt einen modernen vollautomatischen Schutzschalter und ein Hilfsphasenrelais, beide an der Motorkapsel befestigt. Diese Anordnung hat außerdem den Vorteil, daß der Schutzschalter auch dann auslöst, wenn der Motor im normalen Betrieb einmal zu warm werden würde.

VIII. Die Eigenschaften der Kältemittel

Wie bereits früher erwähnt, eignet sich an sich jedes Medium zur Kälteerzeugung, sofern es innerhalb des in Frage kommenden Temperaturbereiches verflüssigt und wieder verdampft werden kann. Es scheiden also zunächst einmal die Stoffe aus, die bei normaler Temperatur noch fest sind und die, die bei normaler Temperatur gasförmig sind und auch unter Anwendung hoher Drücke nicht verflüssigt werden können. Alle anderen Stoffe, also ungefähr diejenigen, deren Siedepunkt zwischen —100° und +100° liegen, kommen für eine praktische Verwendung in Frage. Je niedriger die Siedetemperatur ist, um so höher ist der Betriebsdruck; denn die Verflüssigungstemperatur ist ziemlich konstant; sie liegt bei Wasserkühlung etwa bei +15° und bei Luftkühlung etwa bei +30° bis +40°. Je höher nun der Druck ist, um so kleiner ist das Volumen des betreffenden Gases. Nun soll einerseits der Druck nicht zu hoch sein, weil sonst die Bauart zu teuer und zu gefährlich würde. Andererseits soll aber auch das Volumen nicht zu groß sein, weil sonst der Kompressor einen außerordentlich schlechten Wirkungsgrad erhielte. Deshalb kommen für Kompressionskühlschränke praktisch nur solche Stoffe in Frage, deren Siedepunkte zwischen —40° und +15° liegen.

Für die Entscheidung, ob ein Kältemittel in der Praxis brauchbar ist, müssen noch verschiedene andere Punkte berücksichtigt werden. Das Kältemittel soll beispielsweise nicht explosionsgefährlich sein, es soll nicht stark giftig sein, es soll sich chemisch inaktiv verhalten, d. h. es soll Metalle usw. nicht angreifen, es soll mit dem notwendigen Schmiermittel zusammen keine Veränderungen hervorrufen usw. Berücksichtigt man alle diese Gesichtspunkte, so stellt sich heraus, daß eigentlich nur folgende Kältemittel praktische Bedeutung haben: Ammoniak (NH_3), Methylchlorid oder auch Chlormethyl genannt (CH_3Cl), Schwefeldioxyd oder schweflige Säure (SO_2), und Äthylchlorid (C_2H_5Cl). Neu hinzugekommen ist auf Grund amerikanischer Entwicklungsarbeiten das Frigen[1], in Amerika und anderen Ländern Freon genannt (abgekürzt F). Hier handelt es sich eigentlich um eine ganze Gruppe von Kältemitteln, die durch angefügte Zahlen unterschieden werden. Das bekannteste und für Kühlschränke gebräuchlichste ist das Frigen 12, mit der chemischen Formel CF_2Cl_2 und der Bezeichnung Difluordichlormethan. Daneben hat noch Bedeutung gewonnen das F 11 für Tiefkühlanlagen und F 224 für Klimaanlagen. Im folgenden wird unter Frigen stets das Frigen 12 (F 12) verstanden.

Die Verdampfungswärme der einzelnen Kältemittel ist sehr verschieden. Sie beträgt beispielsweise für

kcal pro kg

Ammoniak	310	Äthylchlorid	96
Methylchlorid	99	Isobutan	88
Schwefeldioxyd (schweflige Säure)	94	Frigen	38

[1] Markenbezeichnung der Farbwerke Hoechst.

Diese Werte gelten für eine Verdampfungstemperatur von $-10°$ und sind bei höheren Temperaturen etwas niedriger und bei niedrigeren Temperaturen etwas höher. Von dieser Kälteleistung pro Kilogramm muß man nun zunächst einmal die Kälteleistung abziehen, die notwendig ist, um die betreffende Menge Kältemittel selbst von der Kondensationstemperatur, beispielsweise $+30°$, auf die Verdampfungstemperatur, beispielsweise $-10°$, herunter zu bringen. Hierzu sind bei Ammoniak 45 kcal pro kg erforderlich, bei Methylchlorid 15 kcal pro kg, bei schwefliger Säure 13 kcal pro kg, bei Äthylchlorid 17 kcal pro kg und bei F 12 etwa 9 kcal pro kg. Diese Werte muß man also zunächst von den oben genannten Zahlen abziehen; denn sie sind ja für die praktische Ausnutzung verloren. Daß trotz dieser großen Unterschiede in der Verdampfungswärme der Wirkungsgrad bei allen Kältemitteln ziemlich gleich ist, liegt daran, daß beispielsweise viel mehr Arbeit notwendig ist, um 1 kg Ammoniak zu verflüssigen als 1 kg Methylchlorid usw. Welches Kältemittel jeweils den besten Wirkungsgrad ergibt, hängt im wesentlichen von der Größe und der Bauart des Kompressors ab.

In Abb. 2 sind die Dampfdruckkurven für die hauptsächlichsten Kältemittel, Ammoniak, Methylchlorid, Schwefeldioxyd und Frigen gezeichnet. Die Dampfdruckkurve von Frigen liegt zwischen der von Ammoniak und Methylchlorid. Betrachtet man den Druck bei derselben Temperatur, beispielsweise bei $+30°$ C, so sieht man, daß Ammoniak den höchsten Druck hat. Für kleinere Kälteanlagen ist der Druck von Ammoniak in Rücksicht auf die Stopfbüchse bereits recht hoch. Außerdem wird das Gasvolumen wegen des hohen Druckes und der hohen Verdampfungswärme sehr klein. Aus diesen Gründen verwendete man früher Methylchlorid und Schwefeldioxyd, neuerdings aber fast nur noch Frigen.

Was die *Explosionsfähigkeit* betrifft, so kann Schwefeldioxyd überhaupt nicht explodieren; denn unter Explosion versteht man eine plötzliche Verbrennung, d. h. eine plötzliche Verbindung mit Sauerstoff. Da aber Schwefeldioxyd bereits eine gesättigte Sauerstoffverbindung ist, kann hier eine Explosion nicht eintreten. Frigen ist ebenfalls praktisch nicht explosionsfähig und brennbar. Die anderen Stoffe sind in gewissen, allerdings sehr engen Konzentrationen explosionsfähig. Es erscheint jedoch nach menschichem Ermessen ausgeschlossen, daß innerhalb der Maschine eine Explosion stattfindet, weil niemals soviel Luft eindringen kann, wie zur Explosion nötig ist und vor allem, weil die Zündmöglichkeit fehlt.

Eine Abart dieser rein chemischen Explosion ist die mechanische Explosion, die entsteht, wenn infolge übermäßig hohen Druckes das Material platzt und damit große Mengen Kältemittel in den Raum strömen. Diese Gefahrmöglichkeit ist eigentlich nur bei wassergekühlten Anlagen vorhanden, wenn nämlich das Kühlwasser ausbleibt und der Motor bzw. die Heizung nicht abgestellt wird. Bei luftgekühlten Anlagen ist diese Gefahr praktisch ausgeschlossen, weil die Wärmeabfuhr stets gesichert ist.

Die Giftigkeit. Bis zu einem gewissen Grade ist natürlich jedes Kältemittel für den menschlichen Körper gefährlich, selbst wenn es an sich absolut ungiftig ist. Es kann nämlich aus der Luft den unbedingt notwendigen Sauerstoff vertreiben und damit die Atmung unterbinden. Ein wirklich gefahrloses Kältemittel gibt es also, wenn man von Wasser und Luft absieht, nicht.

Von den bisher behandelten Kältemitteln ist wohl Schwefeldioxyd am unangenehmsten. Es ergibt mit der Feuchtigkeit der Schleimhäute zusammen schweflige Säure und z. T. Schwefelsäure, also einen überaus stark ätzenden Stoff, der die inneren Organe, vor allem die Lunge, verbrennen kann. Andererseits hat aber Schwefeldioxyd den Vorteil, daß es sich bereits in ganz geringen Mengen durch seine starken Reizwirkungen bemerkbar macht. Eine geringe Undichtigkeit eines Kühlaggregates würde man also stets rechtzeitig merken, um eine entsprechende Lüftung des Raumes vornehmen und sich selbst in Sicherheit bringen zu können. Diese starke Reizwirkung tritt bereits bei sehr geringen Mengen auf, die für die Gesundheit noch vollständig ungefährlich sind. Eine ernstliche Gefahr würde nur dann bestehen, wenn ein Mensch in einem abgeschlossenen Raum, in dem ein Kühlschrank mit Schwefeldioxyd steht, schläft und wenn durch einen Riß ein plötzlich starkes Entweichen von Kältemittel stattfinden würde. Es bedarf also stets des Zusammenwirkens der verschiedensten unglücklichen und unwahrscheinlichsten Zufälle.

Ammoniak ist ebenfalls giftig, jedoch nicht in demselben Maße wie Schwefeldioxyd. Ammoniak hat den stechenden Geruch, der im Haushalt vom Salmiak bekannt ist. In größeren Mengen eingeatmet kann es ebenfalls Vergiftungserscheinungen hervorrufen.

Methylchlorid ist relativ weniger giftig, hat jedoch den Nachteil, daß es sich nur schwach durch den Geruch bemerkbar macht und also längere Zeit eingeatmet werden kann, ehe man seine Einwirkung bemerkt. Manchmal vermischt man Methylchlorid mit geringen Mengen sehr stark riechender Stoffe, damit man auch kleinste Mengen schon durch den Geruch wahrnehmen kann.

Die neuen Kältemittel Frigen sind praktisch nicht giftig und auch geruchlos. Sie werden deshalb außer bei Haushaltkühlschränken besonders gern für die Kühlung von Wohn- und Aufenthaltsräumen verwendet, d. h. für die sogenannte Klimatisierung.

Man darf bei der Beurteilung der Giftigkeit auch nicht vergessen, daß bei Haushaltkühlschränken stets nur sehr geringe Mengen Kältemittel vorhanden sind. Sie betragen im allgemeinen nur 0,5—1 kg. Diese Menge ist fast niemals in der Lage, eine gefährliche Konzentration in einem Raum herbeizuführen, besonders da die ganze Kältemittelmenge niemals plötzlich in einigen Sekunden entweicht; dazu kommt noch, daß die an sich giftigeren Kältemittel wie Schwefeldioxyd und Ammoniak schon in den geringsten Konzentrationen eine sehr große Riechwirkung ausüben und den Menschen daher rechtzeitig warnen.

Aus alledem geht hervor, daß irgendeine Gefahr für den Besitzer eines Kühlschrankes nicht besteht. Jedenfalls sind die Gefahren desselben ganz erheblich geringer als beispielsweise die Gefahren von Leuchtgas.

Die Frage, wieweit die genannten Kältemittel chemische Einwirkungen auf Metalle ausüben, ist ziemlich weitgehend untersucht worden. Man kann im allgemeinen sagen, daß die genannten Kältemittel in reinem Zustand gegen Eisen und Kupfer unempfindlich sind. Nur Ammoniak kann mit Kupfer nicht zusammen verwendet werden.

Eine Forderung, die bei Kompressormaschinen für alle Kältemittel unbedingt erfüllt werden muß, ist die vollkommene Wasserfreiheit. Bevor das Aggregat gefüllt wird, muß man es sorgfältig austrocknen, und dann muß man dafür sorgen, daß mit dem Kältemittel und dem Schmiermittel keine Feuchtigkeit mehr in das Aggregat hereinkommt; denn dieselbe würde bei Schwefeldioxyd beispielsweise Schwefelsäure ergeben und dann die Metallteile angreifen. Auch die Schmieröle werden durch Feuchtigkeit beeinflußt. Sie zersetzen sich und altern schnell.

In Frigen und Methylchlorid kann sich Wasser nur in verschwindend geringen Mengen lösen und zwar umso weniger, je kälter die Flüssigkeit ist. Bei der Druckentlastung im Reduzierventil fällt daher leicht Wasser aus, das dann gefriert und die Öffnung verstopft. Da es sehr schwierig ist, die letzten Spuren von Wasser herauszubekommen, ist es empfehlenswert, eine Trockenpatrone mit beisp. Kieselgel- oder Kalziumsulfat-Füllung in den Kreislauf des Kältemittels einzubauen.

Die Schmiermittelfrage ist ganz besonders wichtig. Das Schmiermittel kommt im Kompressor mit dem Kältemittel zusammen und man muß daher genau wissen, wie es mit dem Kältemittel zusammen reagiert. Es gibt Kältemittel wie beisp. Ammoniak, die sich kaum mit Schmieröl mischen. Etwa mechanisch mitgerissene Schmieröltröpfchen kann man dann in einem Ölabscheider vor dem Kondensator zurückhalten und in den Kompressor zurückbefördern.

Die meisten Kältemittel aber lösen mehr oder weniger Öl auf, so daß das Öl auf diese Weise durch die ganze Maschine mitgeführt wird. Es kommt nun darauf an, es auch aus dem Verdampfer laufend wieder in den Kompressor zurückzuführen. Bei SO_2 ist das Öl beispielsweise leichter als das Kältemittel; die im Verdampfer oben schwimmende Schicht ist daher beträchtlich stärker mit Öl angereichert. Die Saugleitung wird dann so gelegt, daß das fast reine Schmieröl oben auf der Flüssigkeitsschicht mit den Kältedämpfen angesaugt und in den Kompressor zurückgefördert wird.

Bei Frigen bleibt das Öl im ganzen Verdampfer gelöst und wird von den Dampfbläschen mit in den Kompressor zurückgerissen. Umgekehrt enthält das Schmiermittel je nach Temperatur und Druck mehr oder weniger Kältemittel und wird dadurch verdünnt. Man muß also von vornherein ein zäheres Öl wählen, und zwar so, daß das Gemisch die richtige Schmierwirkung hat. Die Bedingungen für das Öl werden weiter verschärft dadurch, daß es sowohl bei 0° noch nicht zu zäh, andererseits aber bei +80° noch nicht so dünn ist, daß es nicht mehr schmiert.

Das Frigen fördert die Neigung des Öles, bei tiefen Temperaturen feste Bestandteile, beisp. Paraffin, auszuscheiden. Das Öl muß deshalb praktisch frei von Paraffin sein, damit es die Drosselstelle und die Kapillare nicht verstopft. Das Öl darf ferner keine Säuren enthalten, die nach längerer Zeit sowohl das Öl als auch die Motorisolation angreifen und zersetzen würden. Man ersieht also, daß die Bedingungen für das Schmieröl sehr schwierig sind, und deshalb sollte man bei Reparaturen nur das von der Fabrik geprüfte und laufend überwachte Öl verwenden. Schon kleine Nachlässigkeiten können sich sonst schwer rächen.

IX. Die Durchbildung der Absorptionskältemaschinen

Auf Seite 8 und 9 sind die Absorptions-Maschinen im Prinzip erläutert worden. Sie sind entstanden aus dem Wunsche, einen einfachen, billigen und betriebssicheren Kälteapparat zu schaffen. Ihr Hauptvorteil ist der, daß sie im allgemeinen keine beweglichen Teile aufzuweisen haben und infolgedessen kein mechanischer Verschleiß stattfinden kann. Die Schwierigkeiten der Schmierung und der Abdichtung rotierender Teile fallen fort und damit eine Reihe Störungsquellen. Sie arbeiten lautlos und erschütterungsfrei. Die Energiezuführung erfolgt nur durch Heizung; man ist also auch in der Lage, billige Energiequellen auszunützen.

Praktische Bedeutung haben die kontinuierlich arbeitenden Absorptionsmaschinen für kleine Haushaltskühlschränke erlangt. Sie sind heute in zahlreichen Modellen auf dem Markt. Ihre Grundgedanken sind folgende: Der notwendige Druckunterschied zwischen Verdampfer und Absorber einerseits und Kocher und Kondensator andererseits, der bei den großen gewerblichen Absorptions-Maschinen durch eine Pumpe aufrechterhalten wird, wird durch ein neutrales Gas ausgeglichen, d. h. in den Verdampfer und Absorber wird soviel Gas eingefüllt, daß derselbe Druck wie im Kocher und Kondensator herrscht. Die Druckunterschiede sind damit beseitigt und daher Pumpe und Ventile überflüssig. Die andere Aufgabe der Pumpe, nämlich für den notwendigen Umlauf der Absorptionslösung zu sorgen, kann man auf eine Weise lösen, die weiter unten noch beschrieben werden soll.

Das sogenannte neutrale Gas darf natürlich weder mit dem Kältemittel, noch mit dem Absorptionsmittel irgendeine chemische oder physikalische Bindung eingehen. Geeignet sind beispielsweise Luft, Stickstoff, Wasserstoff oder ähnliche Gase. Die Verdampfung des Ammoniaks wird durch die Anwesenheit des neutralen Gases nicht verhindert; nur die Verdampfungsgeschwindigkeit ist geringer, was jedoch durch eine entsprechende Dimensionierung ausgeglichen werden kann. Es sind ähnliche Verhältnisse wie bei der Verdampfung oder besser Verdunstung von Wasser in Anwesenheit von Luft.

Ein Schema einer derartigen Maschine zeigt Abb. 21. Man muß hier drei verschiedene Kreisläufe unterscheiden, erstens den Kreislauf des Absorptionsmittels, zweitens des Kältemittels und drittens des neutralen Gases. Alle drei Medien müssen nämlich einen steten Kreislauf vollführen (s. auch Abb. 4).

Die Absorptionslösung wird in dem Kocher I und dem Spiralrohr unter dem Kocher geheizt und dadurch der größte Teil des Ammoniaks ausgetrieben. Der Rest, die „arme Lösung" fließt dann durch einen Wärmeaustauscher VI in den Absorber IV, absorbiert dort von neuem Ammoniak und fließt als „reiche Lösung" durch den Wärmeaustauscher wieder dem Kocher zu. Der Wärmeaustauscher hat die Aufgabe, die aus dem Kocher kommende arme Lösung vorzukühlen und die aus dem Absorber kommende reiche Lösung vorzuwärmen, d. h. also Heizenergie zu sparen. Der Um-

Die Durchbildung der Absorptionskältemaschinen 35

lauf der Absorptionslösung wird dadurch aufrechterhalten, daß das in kleinen Bläschen ausgetriebene Ammoniak in dem Spiralrohr die Flüssigkeit im Rohr 1 mitreißt und sie so hoch auf das Niveau 2 fördert, daß sie durch eigene Schwerkraft weiter umläuft.

Das im Kocher I ausgetriebene Kältemittel Ammoniak steigt durch das Rohr 3 hoch in den Kondensator II, wird dort durch Luftkühlung an den Rippen 4 verflüssigt und fließt über 6 in den Verdampfer III. Dort mischt es sich mit dem neutralen Gas, rieselt

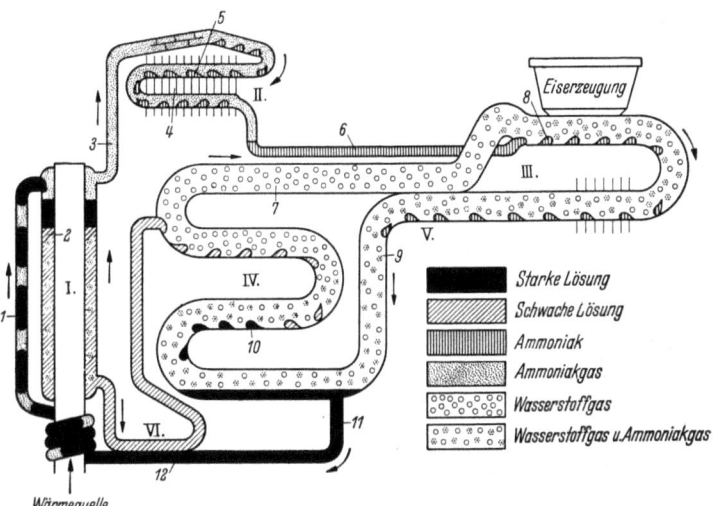

Abb. 21. Schema einer kontinuierlich arbeitenden Absorptionskältemaschine ohne Pumpe und Ventile. (System Platen Munters)

durch die Verdampferrohre herab und verdampft. Das Gasgemisch Ammoniak-Wasserstoff sinkt durch den Gas-Wärmeaustauscher V in den luftgekühlten Absorber IV, dort wird das Ammoniak wieder absorbiert und gelangt mit der Absorptionslösung über 11 zurück in den Kocher, wo der Kreislauf von neuem beginnt.

Nachdem der Absorber alles Ammoniak absorbiert hat, bleibt nur noch der Wasserstoff übrig. Dieser steigt durch das Rohr 7 hoch und tritt von neuem durch den Gas-Wärmeaustauscher V hindurch in den Verdampfer. Der Gasumlauf des Wasserstoffes zwischen Verdampfer und Absorber wird bewirkt durch den Unterschied der spezifischen Gewichte; denn das Gemisch Ammoniak-Wasserstoff ist schwerer als reiner Wasserstoff und sinkt durch das Rohr 9 in den Absorber IV und steigt dort wieder hoch. Aus diesem Grunde muß der Verdampfer etwas höher liegen als der Absorber. Der Kondensator andererseits muß wieder höher liegen als der Verdampfer. Hierdurch ist man an eine bestimmte Höhenlage gebunden. Deshalb wird das Kühlaggregat stets hinter dem Schrank angeordnet. Seine gesamte Höhe kann so niedrig gehalten werden, daß sie einen 50 l-Schrank nicht überschreitet. Oberhalb und unterhalb des Schrankes wird kein Raum mehr benötigt. Da man den Kühlraum aber nicht unmittelbar über dem Fußboden haben will, baut man entweder Füße, oder ein Gestell, oder einen Abstell-Schrank unter. Die Tiefe des Kühlraumes wählt man sehr gering, damit der Schrank mit dem hinten liegenden Aggregat die Tiefe eines Küchenbüffets nicht überschreitet.

Die automatische Temperaturregelung erfolgt durch Ein- und Ausschalten der Heizung, ebenso wie beim Kompressorschrank durch Schalten des Motors.

X. Die automatischen Regelvorrichtungen

Eine automatische Regelung von Kühlschränken hat die Aufgabe, im Kühlschrank eine möglichst gleichmäßige Temperatur zu halten, unabhängig von der Außentemperatur und unabhängig von der Beschickung des Schrankes mit Kühlgut. Hierzu gibt es verschiedene Möglichkeiten. Man kann beispielsweise die Regelung in unmittelbarer Abhängigkeit von der Temperatur der Kühlschrankluft vornehmen. Man hat dann einen sog. Raumthermostaten. Diese direkte Regelung wird aber bei Kühlschränken kaum angewendet; sie hat den Nachteil, daß das Kühlaggregat außerordentlich lange laufen würde, wenn der Verdampfer stark vereist ist. Denn die Eisschicht auf dem Verdampfer verschlechtert den Wärmeübergang und bewirkt infolgedessen eine immer tiefere Temperaturabsenkung des Verdampfers.

Eine andere Art der Regelung ist die Regelung der Verdampfertemperatur mit dem sog. Verdampferthermostaten. Die Schwierigkeiten mit der Vereisung fallen hier fort. Man hat sogar den Vorteil, daß der Verdampfer automatisch abtaut, wenn man die Wiedereinschalttemperatur auf etwas über 0° festlegt. Man regelt mit dieser Methode zwar zunächst die Verdampfertemperatur, damit indirekt aber die Schranktemperatur. Die Schranktemperatur wird praktisch konstant gehalten, steigt allerdings bei zunehmender Belastung etwas an und umgekehrt. Diese Regelung hat noch einen weiteren Vorteil. Wenn die Schwankung der Schranktemperatur mit 1—2° zugelassen wird, so beträgt die Schwankung der Verdampfertemperatur etwa 5—10°. Ein Verdampferthermostat braucht also nicht so empfindlich zu sein, wie ein Raumthermostat. Der überwiegende Teil aller Kühlschränke wird heute mit Verdampferthermostat geregelt.

Eine weitere Möglichkeit der Regelung bietet der Pressostat (Druckregler). Er schaltet in Abhängigkeit vom Druck des Kältemittels im Verdampfer. Da der Druck des Kältemittels proportional seiner Temperatur ist, regelt man hiermit wiederum indirekt die Verdampfertemperatur und damit die Schranktemperatur. Er verhält sich ähnlich wie der Verdampferthermostat, nur werden die Schwankungen der Kühlschranktemperatur mit wechselnder Belastung ein wenig größer.

Alle die verschiedenen Ausführungen sehen im praktischen Aufbau fast gleich aus. Bei den ersten Ausführungen hat man eine biegsame Kupferleitung gefüllt mit einem leicht flüchtigen Medium wie SO_2 oder Methylchlorid o. ä. das teils flüssig, teils gasförmig ist. Bei einer Temperaturerhöhung steigt dessen Druck und umgekehrt. Der wechselnde Druck wird auf eine Balgmembran übertragen und deren Ausdehnung zum Schalten benutzt. Bei dem Pressostat steht die biegsame Kupferleitung mit dem Verdampferinnern in direkter Verbindung, so daß dessen Druckschwankungen direkt auf die Membran übertragen werden.

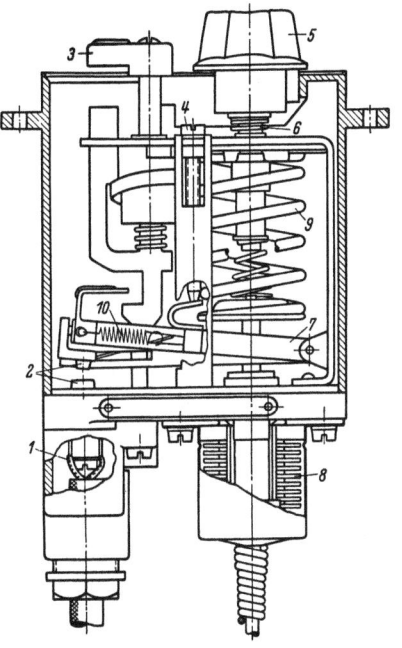

Abb. 22. Schema eines Thermostaten (Metzenauer und Jung)

Alle neueren Regler gestatten, daß man von außen den Temperaturbereich, innerhalb dessen ein- und ausgeschaltet wird, weitgehend verstellt. Vielfach ist auch noch die Differenz zwischen Aus- und Einschalttemperatur einstellbar.

In Abb. 22 sieht man ein Schema eines solchen Thermostaten. Auf einen einarmigen Hebel 7 wirkt von unten der wechselnde Druck der Balgmembran 8 und von oben der Druck der Feder 9. Bei steigender Schranktemperatur steigt der Druck in der Membran. Der Hebel 7 wird hochgedrückt, bis die Feder 10 umschnappt und der Kontakt 2 schließt. Durch Drehen der Kappe 5 wird die Feder 9 verschieden stark vorgespannt und damit der Regelbereich verstellt. Durch Herunterschrauben des Stiftes 4 wird die Tem-

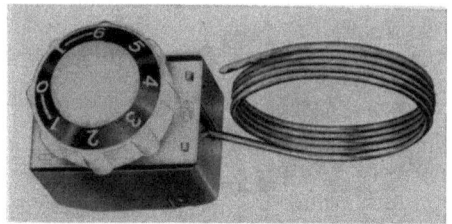

Abb. 23. Thermostat geschlossen (Klöckner)

peraturdifferenz verkleinert und umgekehrt. Außerdem ist noch ein Schalterhebel 3 vorhanden. Wird dieser nach rechts gelegt, so schließt die angeklinkte Stange den Kontakt 2 für dauernd, d. h. der Regler ist überbrückt, das Aggregat kann nur von Hand ausgeschaltet werden (wird für Schnelleiserzeugung ausgenutzt). Wird der Schalthebel 3 nach links herumgelegt, so wird der Kontakt 2 dauernd offen gehalten, das Aggregat ist also dauernd ausgeschaltet. In der gezeichneten Mittelstellung kommt die automatische Aus- und Einschaltung zur Wirkung.

Eine ähnliche Ausführung zeigt Abb. 23 in der Ansicht. Der Unterschied gegenüber der vorigen Ausführung ist der, daß die Membran und die ihr das Gleichgewicht haltende Feder an einem zweiarmigen Hebel angreifen (Waagebalken).

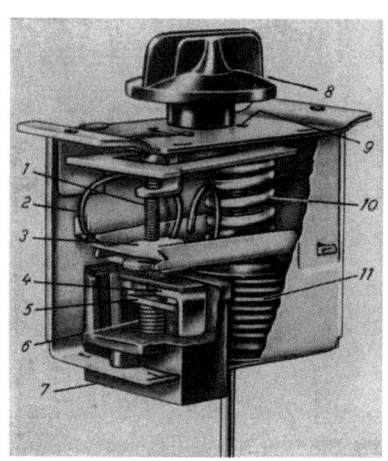

Abb. 24. Thermostat offen (Danfoß)
1 Diff.Verstellschraube, 2 Schnappfeder, 3 Schnappscheibe, 4 Feste Kontakte, 5 Bewegl. Kontakte, 6 Kontaktdruckfeder, 7 Anschlußschrauben (verdeckt), 8 Verstellknopf, 9 Temp.-Verstellschraube, 10 Gegenfeder, 11 Balgmembran

Neuerdings vereinigt man häufig die Verstellachse und die Ein- und Ausschaltachse zu einer einzigen. Die Endstellung ist die Ausschaltung; je weiter man die Achse verdreht, um so tiefer liegt die Schalttemperatur. Die Bedienung wird dadurch vereinfacht. Abb. 24 zeigt eine solche Konstruktion. Man sieht auch hier die Membran und die Gegenfeder an einem einarmigen Hebel angreifen.

Für den Einbau des Thermostaten hat man weiten Spielraum. Die biegsame Kupferleitung, die mit ihrem verdickten Ende an den Verdampfer angeklemmt werden muß, ist so lang, daß man den Thermostat entweder unten im Maschinenraum, oder in der Schrankisolation, oder am Verdampfer, oder an der Innenwand des Kühlschrankes, oder an sonst einer beliebigen Stelle unterbringen kann. Anstelle des normalen Drehknopfes, wie er in den obigen Abbildungen gezeigt ist, wird heute vielfach eine für jedes Schrankfabrikat eigens entworfene Wählerscheibe verwendet, die ein besonders leichtes Ablesen der eingestellten Stufe gestattet. Auch hier wird der Ausstattungskomfort moderner Kühlschränke immer größer.

C. Die allgemeinen Gesichtspunkte der Nahrungsmittelkühlung

XI. Luftfeuchtigkeit

Es ist bekannt, daß Luft gewisse Mengen Feuchtigkeit in Dampfform aufnehmen kann. Die Menge der in der Luft enthaltenen Feuchtigkeit ist für die Aufbewahrung von Lebensmitteln außerordentlich wichtig, ebenso wichtig oder noch wichtiger als für die Lebensbedingungen von Menschen. Die Luft kann nun um so mehr Wasserdampf aufnehmen, je wärmer sie ist und umgekehrt. Diese Tatsache ist ja aus dem täglichen Leben bekannt; denn in warmer Luft trocknen alle feuchten Sachen viel schneller als in kalter Luft.

Der Zusammenhang zwischen der Lufttemperatur und der maximalen Feuchtigkeit, die die Luft aufnehmen kann, ist nun ein ganz gesetzmäßiger und in der Kurve in Abb. 25 dargestellt. Die Feuchtigkeit ist dort aufgetragen in Gramm pro Kubikmeter Luft. Man ersieht aus dieser Kurve beispielsweise, daß Luft bei $0°$ nur ca. $4,9\text{ g}$ Wasserdampf pro Kubikmeter aufnehmen kann, dagegen

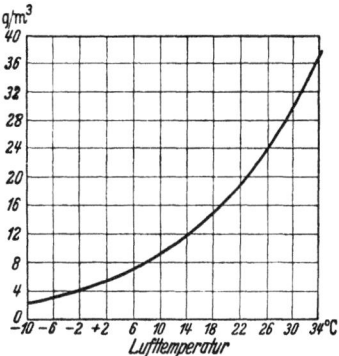

Abb. 25. Maximale Luftfeuchtigkeit (Gramm Wasserdampf pro Kubikmeter Luft) in Abhängigkeit von der Lufttemperatur

kann Luft von 20° schon etwa 17,1 g Wasserdampf pro Kubikmeter aufnehmen.

Diese in Abb. 25 dargestellten Mengen sind die höchstmöglichen, die Luft enthalten kann. Führt man der Luft noch mehr Wasserdampf zu, so scheidet sich dieser in Form von Tropfen wieder ab. Man weiß beispielsweise, daß ein Badezimmer an den Wänden vollständig mit Wasser beschlägt, wenn man größere Mengen heißes Wasser in die Wanne laufen läßt.

Hat die Luft bei irgend einer Temperatur ihren höchstmöglichen Feuchtigkeitsgehalt erreicht, so sagt man, sie ist vollgesättigt. Im allgemeinen enthält die Luft jedoch weniger Feuchtigkeit, als sie enthalten könnte. Man drückt das so aus, daß man die tatsächliche Feuchtigkeit in Prozenten von der maximalen Feuchtigkeit *wiedergibt*. Hat Luft von 10° beispielweise nur eine Feuchtigkeit von 8,6 g pro Kubikmeter, so sagt man, sie ist zu 50% mit Feuchtigkeit gesättigt, oder die relative Feuchtigkeit beträgt 50%, d. h. mit anderen Worten, die Luft könnte bei dieser Temperatur die doppelte Menge Feuchtigkeit aufnehmen.

Durch Temperatur und relative Feuchtigkeit ist der Zustand der Luft stets gekennzeichnet. Einige Beispiele an Hand der Abb. 25 sollen das veranschaulichen. Angenommen Luft von 18° enthält 13 g Wasserdampf pro Kubikmeter. Aus der Kurve ersieht man, daß die Luft bei 18° maximal 15,3 g pro Kubikmeter enthalten könnte. Die relative Feuchtigkeit beträgt demnach $\frac{13}{15,3} \cdot 100 = 85\%$. — Luft von 6° habe eine relative Feuchtigkeit von 70%. Aus der Kurve ergibt sich, daß die Luft bei 6° maximal 7,3 g Feuchtigkeit enthalten könnte. Hat sie nur 70%, so heißt das, sie enthält in Wirklichkeit nur ca. 5 g pro Kubikmeter.

Kühlt man ein bestimmtes Quantum Luft mit einem bestimmten Feuchtigkeitsgehalt ab, so bleibt zwar zunächst die absolute Feuchtigkeit konstant, aber die relative Feuchtigkeit erhöht sich. Kühlt man die Luft immer weiter ab, so erreicht die relative Luftfeuchtigkeit schließlich den Wert von 100%. Diese Temperatur, bei der die Feuchtigkeit gerade 100% erreicht, nennt man den Taupunkt der Luft. Denn wenn sie nun noch weiter heruntergekühlt wird, scheidet sich der überschüssige Wasserdampf in Form von Wassertropfen ab, d. h. es taut.

Diese Erscheinung ist ja aus der Natur besonders an Sommertagen gut bekannt. Kühlt sich die Luft abends ab, so taut es nach einiger Zeit, d. h. der Boden, vor allem die Pflanzen werden naß. Dieselbe Erscheinung spielt sich im Kühlschrank ab. Die zunächst warme Luft wird schnell heruntergekühlt und erreicht dabei sehr bald ihren Taupunkt; dann wird sie feucht und der Verdampfer beschlägt mit Wasser. Der Taupunkt liegt natürlich verschieden, je nachdem die relative Feuchtigkeit zu Anfang höher oder niedriger ist. Wo er liegt, kann man mit Hilfe der Kurve in Abb. 25 leicht ermitteln.

Erwärmt man dagegen Luft, so wird die prozentuale Feuchtigkeit immer geringer. Auch dies kann man in der Natur beobachten und zwar am besten an einem feuchten, nebligen Herbstmorgen. Erst wenn durch genügende Sonneneinstrahlung die Temperatur hoch genug gestiegen ist, verschwindet der Nebel und die Feuchtigkeit, und je höher die Temperatur steigt, um so trockener wird die Luft. Für den Kühlschrank hat diese umgekehrte Erscheinung wenig Bedeutung.

Die Frage der Luftfeuchtigkeit im Kühlschrank spielt für die Haltbarkeit der Lebensmittel eine außerordentlich große Rolle. Wie weit ihr Einfluß reicht, wird noch in einem späteren Kapitel beschrieben werden. Hier soll zunächst die Frage behandelt werden: Wie groß wird die Feuchtigkeit im Kühlschrank, und wie kann man sie beeinflussen?

Nach kurzer Überlegung und aus der Beobachtung im täglichen Leben folgt, daß die überschüssige Luftfeuchtigkeit sich immer an den kältesten Stellen absetzt. Tritt man im Winter von draußen mit einer Brille in ein warmes Zimmer, so beschlagen die kalten Brillengläser sofort mit Feuchtigkeit. Das hat seinen Grund darin, daß die Luft unmittelbar in der Nähe der Brillengläser stark abgekühlt wird und zwar unter ihren Taupunkt. Infolgedessen setzt sie ihre überschüssige Feuchtigkeit an dieser Stelle ab. Genau dasselbe ist im Kühlschrank der Fall. Aus dem Kapitel V wissen wir, daß der Verdampfer stets kälter sein muß als der eigentliche Kühlschrank. Die Luft gerät nun im Kühlschrank in eine mehr oder weniger lebhafte Zirkulation. Je kälter der Verdampfer gegenüber dem Kühlschrank ist, um so mehr Feuchtigkeit entzieht er der Kühlluft, d. h. je größer die Temperaturdifferenz zwischen Kühlschrankluft und Verdampfer ist, um so trockener wird die Luft und umgekehrt.

Wir wollen wieder ein Beispiel nehmen: Die mittlere Lufttemperatur im Kühlschrank sei $+6°$. Der Verdampfer selbst sei außen $-4°$ kalt. Es sei angenommen, daß die Luft sich bei dem Vorbeistreichen an dem Verdampfer auf etwa $0°$ abkühlt. Sie gibt dabei soviel Feuchtigkeit ab, daß sie bei $0°$ noch gerade voll gesättigt ist, d. h. sie enthält nach dem Vorbeistreichen noch 4,9 g Feuchtigkeit pro Kubikmeter. Sie erwärmt sich aber kurz darauf wieder auf $6°$ und könnte infolgedessen nach Abb. 25 7,3 g pro Kubikmeter Feuchtigkeit enthalten. Ihre relative Feuchtigkeit ist infolgedessen $\frac{4,9}{7,3} \cdot 100 = 67\%$.

Ein weiteres Beispiel: Die Kühlschrankluft sei wieder $+6°$, die Außenwand des Verdampfers jedoch nur $+2°$. Wir können nun annehmen, daß sich die Luft beim Vorbeistreichen am Verdampfer auf $+4°$ abkühlt. Hierbei gibt sie soviel Feuchtigkeit ab, daß sie nur noch 6,4 g pro Kubikmeter enthält (s. Abb. 25). Die relative Feuchtigkeit beträgt in diesem Falle $\frac{6,4}{7,3} \cdot 100 = 87,5\%$. Die Luftfeuchtigkeit ist demnach im zweiten Falle erheblich höher als im ersten.

Dies ist auch der Grund, weshalb gewöhnliche Eisschränke meist höhere Feuchtigkeit haben als elektrische Kühlschränke. Bei elektrischen Kühlschränken ist es immer möglich, den Verdampfer auf eine Temperatur unter $0°$ zu bringen, während dies beim gewöhnlichen Eisschrank nicht möglich ist. Beim letzteren kommen allerdings noch verschiedene Umstände hinzu. So ist manchmal die Kühlfläche so ungünstig angeordnet, daß das niedergeschlagene Wasser wieder abtropfen kann und damit wieder in den Kühlraum kommt. Hier verdampft es von neuem und erhöht zusätzlich den durchschnittlichen Feuchtigkeitsgehalt.

Das wichtige Ergebnis dieser Untersuchung ist folgendes: Je kälter der Verdampfer im Verhältnis zur Kühlschrankluft, um so geringer die Luftfeuchtigkeit und umgekehrt. Zu kleine Kühlflächen haben den Nachteil, daß der Verdampfer stark vereist, daß sich die Wärmedurchgangszahl dadurch verringert und daß infolge der großen Temperaturdifferenz das Kühlgut stark austrocknet. Zu große Verdampferflächen haben den Nachteil, daß die Verdampfertemperatur ziemlich hoch liegt und damit die Eiserzeugung erheblich verlangsamt wird oder sogar ganz aufhört. Je nach dem Zweck, der erreicht werden soll, wird man einen entsprechenden Mittelweg wählen.

Beim Öffnen des Kühlschrankes kommt eine große Menge warmer Luft hinein. Diese muß heruntergekühlt und ihre überschüssige Feuchtigkeit am Verdampfer niedergeschlagen werden. Dies nimmt eine gewisse Zeit in Anspruch. Infolgedessen ist ein Kühlschrank, der häufig geöffnet wird, im Durchschnitt feuchter als ein Kühlschrank, der nur selten geöffnet wird.

Auch die Lebensmittel, die in den Schrank gestellt werden, geben Feuchtigkeit ab. Um diese Feuchtigkeitsabgabe gering zu halten, sollte man daher Flüssigkeiten nur zugedeckt in den Schrank stellen, wenn man nicht gerade eine durch die Flüssigkeitsverdunstung beschleunigte Abkühlung erstrebt.

XII. Die für den Schrankbau maßgebenden Gesichtspunkte

Ein großer Teil der Kälteleistung wird dazu verbraucht, um die durch die Wände des Kühlschrankes hindurchtretende Wärme zu kompensieren. Demgegenüber ist die eigentliche Nutzkälteleistung, d. h. also die Kälteleistung, die notwendig ist, um das warme Kühlgut auf die Schranktemperatur herunterzukühlen bzw. um Eis zu erzeugen, nur gering.

Der erste Teil der Kälteleistung beträgt bei kleinen Kühlschränken bis zu 80% der Gesamtkälteleistung. Der prozentuale Anteil ist um so größer, je kleiner der Schrank ist. Das hat seinen Grund in folgendem. Hat ein Kühlschrank B nur einen halb so großen Inhalt wie ein Kühlschrank A, so beträgt seine Oberfläche etwa 63% von der des Kühlschrankes A. Ist der Kühlschrank B nur ein Viertel so groß wie der Kühlschrank A, so beträgt seine Oberfläche ca. 40%. Man ersieht daraus, daß die Oberfläche viel langsamer abnimmt als der Inhalt, d. h. kleine Kühlschränke haben prozentual eine sehr große Oberfläche und damit prozentual große Kälteverluste. Die Menge der Speisen, die man in einen Kühlschrank hineinstellen kann, ist aber proportional seinem Inhalt; und so wird die eigentliche Nutzkälteleistung prozentual immer kleiner im Verhältnis der zur Deckung der eingestrahlten Wärme notwendigen Kälteleistung.

Hieraus folgt die Wichtigkeit einer guten Isolation. Je stärker die Isolation ist, um so geringer ist die hindurchtretende Wärmemenge. Ein Schrank mit einer Isolation von 10 cm ist in dieser Beziehung doppelt so gut wie ein Schrank mit einer Isolation von 5 cm. Andererseits sollte man aus Preisrücksichten eine gewisse Isolationsstärke nicht überschreiten. Je stärker die Isolation ist, um so höher sind die Anschaffungskosten und der Platzbedarf, aber um so geringer die Betriebskosten pro Tag. Je geringer die Isolationsstärke ist, um so geringer sind die Anschaffungskosten, aber um so höher die Betriebskosten. Hier einen wirtschaftlich günstigen Wert herauszufinden, ist natürlich nicht so einfach. Jedenfalls kann man sagen, daß man im allgemeinen einen Kompressorschrank weniger stark isoliert als einen Absorptionskühlschrank; denn der Kompressorschrank hat eine ziemlich gute Leistungsziffer und einen verhältnismäßig geringen Energieverbrauch, so daß es nicht viel ausmacht, wenn er einige Kalorien Kälte mehr verzehrt. Bei Absorptionskühlschränken ist dagegen die Leistungsziffer ungünstiger; man muß wegen des höheren Energieverbrauches alle Verluste sorgfältig klein halten und daher eine stärkere Isolation wählen.

Man wählt heute für Kompressorschränke etwa 4—6 cm und für Absorptionskühlschränke etwa 6—8 cm Isolationsstärke. Unter sonst gleichen Umständen ist natürlich der Schrank als der bessere anzusehen, der die stärkere Isolation hat, vorausgesetzt, und hier kommen wir zu einem sehr wichtigen Punkt, daß die Isolation von derselben Qualität ist. Als bester Isolierstoff gilt im allgemeinen Expansitkork, entweder in Plattenform oder als Korkschrott. Da dieses Material jedoch schon seit langer Zeit schwer in genügenden Mengen zu erhalten ist, kommen zahlreiche andere Stoffe zur Verwendung, die ebenfalls ihren Zweck voll erfüllen. Unter dem Namen ,,Iporka" ist ein Kunststoff auf dem Markt, der aus Kunstharz besteht, das durch schaumbildende Mittel auf ein großes Volumen mit zahlreichen Lufteinschlüssen aufgeschäumt wird; es kommt in seiner Isolierfähigkeit dem Kork praktisch gleich. Weitere häufig verwendete Isolierstoffe sind Glaswolle und Glaswatte, Wellpapier, Alfol und ähnliche. Wellpapier ist ein gutes Isoliermittel, wenn es durch die Konstruktion und Ausführung des Schrankes gelingt, es völlig trocken zu halten. Alfol ist eine dünne Aluminiumfolie, die entweder auf Rahmen glatt aufgespannt wird, oder als sogenannte Knitterfolie verwendet wird. Die isolierende Wirkung beruht in beiden Fällen darauf, daß die spiegelnden Flächen die Wärmestrahlen zurückwerfen und die Luft zwischen den Folien in Ruhe bleibt und dadurch isolierend wirkt. Ein Kühlschrank mit Aluminiumfolie als Isolation ist ganz besonders leicht, so daß man diese Isolationsart häufig bei isolierten Fahrzeugen verwendet.

Von großer Wichtigkeit für die Isolation ist vollkommene Trokkenheit; denn Feuchtigkeit würde nach einiger Zeit das Isolationsmaterial zur Fäulnis bringen und einen sehr unangenehmen Geruch erzeugen, der sich auf die Speisen übertragen kann. Die Isolation soll nach außen hin luftdicht abgeschlossen sein, damit keine Feuchtigkeit eindringen kann; nach dem Kühlschrankinnern kann dagegen ein ganz schwacher Luftaustausch möglich sein, weil die Isolation dadurch getrocknet wird (vgl. auch Kap. XX).

Als Innenbekleidung hat sich emailliertes Stahlblech bestens bewährt. Es hat den Vorteil einer absoluten Geruchlosigkeit, einer leichten Reinigungsmöglichkeit und eines eleganten Aussehens.

Gestrichene Blech- oder Holzinnenbekleidung ist im allgemeinen nicht zu empfehlen, da es trotz zahlreicher Versuche bisher keinen vollständig geruchlosen Lack gibt. Dagegen haben sich moderne Kunststoffe als Innenbekleidung, insbes. bei kleinen Kühlschränken, mehr und mehr eingeführt. Sie werden aus einem Stück in einer Presse unter Vakuum gezogen. Das Material erfüllt heute alle Anforderungen an Haltbarkeit, Geruchlosigkeit und chemische Widerstandsfähigkeit gegen Säuren usw.

Bei der Innenbekleidung soll man darauf achten, daß keine scharfen, sondern nur gut abgerundete Kanten vorhanden sind, damit sich der Schrank richtig reinigen läßt.

Als Außenbekleidung wählt man entweder Holz oder Eisenblech. Holz verwendet man nur bei gewöhnlichen Eisschränken oder gewerblichen Kühlmöbeln, die in kleinen Serien hergestellt werden, und lackiert es weiß oder naturfarben. Wenn man nicht ganz trocken abgelagertes Holz verwendet, arbeitet das Holz nach, und der Lack reißt an einigen Stellen auf. Dies sieht natürlich gerade bei weißer Lackierung unschön aus. Sonst aber bestehen bei richtiger Verwendung kaum Bedenken gegen Holz als Außenbekleidung.

Bei den elektrischen Kühlschränken, wenigstens bei den kleineren in Serie hergestellten Typen, verwendet man stets Stahlblechausführung. Als Lack wählt man entweder an der Luft trocknende Nitrozelluloselacke oder Öllacke, die im Trockenofen bei 140° bis 180° C eingebrannt werden. Beide verbinden große Widerstandsfähigkeit mit elegantem Aussehen und guter Abwaschbarkeit. Bei Luxusausführungen findet man auch als Außenbekleidung emailliertes Stahlblech. Technisch bringt das natürlich keine Verbesserung, sondern muß als reine Luxusausführung bezeichnet werden. Es sind auch schon Versuche mit Kunststoff als Außenbekleidung gemacht worden; diese konnten sich aber noch nicht durchsetzen.

Seit einigen Jahren wird auch die Tür-Innenseite zur Unterbringung von Lebensmitteln ausgenutzt. Die leichte Verformbarkeit der Kunststoffwand begünstigt diese Tendenz. Man baut Fächer für Butter, und Käse, Eier, kleine Packungen aller Art und für kleine und sogar große Flaschen in die Tür ein. In Bezug auf Innenausstattung wird allgemein ein großer Aufwand getrieben.

Die Beschläge, d. h. die Schlösser und Scharniere, beanspruchen ebenfalls Aufmerksamkeit. Man verwendet heute vernickelte, verchromte oder Leichtmetall-Beschläge (Hydronalium od. ä.). Die Schlösser sollen ein gutes und dichtes Schließen der Türen gewährleisten und nach Möglichkeit von selbst einschnappen.

Die Türen müssen sorgfältig mit einem elastischen Material abgedichtet sein. Bei undichten Türen dringt eine Menge warmer Luft in den Kühlschrank, macht diesen übermäßig feucht und verzehrt unnütz Kälteleistung. Jeder gute Kühlschrank hat daher einen Dichtungsfalz aus nachgiebigem Material. Man überzeuge sich stets, ob dieser Falz bei richtigem Schließen der Türen auch genügend gut dichtet.

Eine wichtige Frage beim Bau von Kühlschränken ist die Anordnung des Verdampfers. Die am Verdampfer abgekühlte Luft sinkt infolge ihres größeren spezifischen Gewichtes nach unten, erwärmt sich an den Wänden und Speisen und steigt dann wieder nach oben. Bei seitlicher Anordnung des Verdampfers, wie sie Abb. 26 zeigt, gerät dabei die Luft in einen ausgesprochenen Kreislauf, der durch Pfeile angedeutet ist. Gerade bei dieser seitlichen Anordnung ist der Luftumlauf ziemlich kräftig. Vielfach hat man den Verdampfer 8—10 cm weit von der Wand enfernt oder auch, bei größeren Schränken, in die Mitte gesetzt. Die kalte Luft sinkt dann in der Mitte nach unten und steigt rechts und links wieder auf. Die mittlere Anordnung des Verdampfers hat sich aber nicht bewährt. Neuerdings gibt es viele Verdampferausführungen, die über die ganze Breite des Kühlschrankes gehen und den oberen Raum im Kühlschrank völlig umschließen. Ihr Zweck ist, große Mengen von tiefgefrorenen Lebensmittln aufzunehmen und sie bei niedrigen Temperaturen aufzubewahren (s. auch Seite 57). Bei der großen Oberfläche und den tiefen Temperaturen des Verdampfers würde der Kühlschrank normalerweise zu kalt; deshalb muß man den Verdampfer isolieren oder den Luftumlauf künstlich abbremsen.

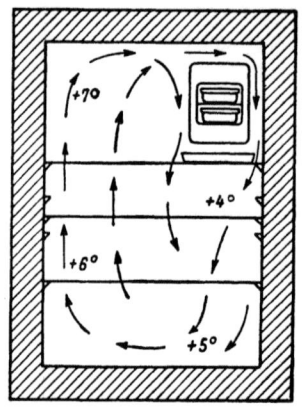

Abb. 26. Luftumlauf und Temperaturverteilung in einem Kühlschrank

Der Luftumlauf bringt automatisch eine gewisse Temperaturschichtung mit sich. Die tiefste Temperatur ist naturgemäß unmittelbar unter dem Verdampfer, die höchste oben neben dem Verdampfer, also dort, wo die Luft kurz vor Beendigung ihres Umlaufes wieder zum Verdampfer zurückkehrt. Je nach der Größe des Schrankes sind die Temperaturunterschiede zwischen der kältesten und wärmsten Stelle etwa 2—4°. In Abb. 26 ist eine derartige Temperaturverteilung eingetragen.

Die Temperaturunterschiede innerhalb des Schrankes können unter Umständen erwünscht sein. Es gibt eine Reihe Lebensmittel, die man tief kühlen muß, vor allem beispielsweise Milch, und wieder andere, die man nicht so tief kühlen möchte, beispielsweise Obst und die Butter für den täglichen Gebrauch. Wenn die Hausfrau also einigermaßen darüber unterrichtet ist, welche Lebensmittel tiefer und welche weniger tief gekühlt werden sollen, so kann

XIII. Die Bedingungen für günstige Lebensmittellagerung

man das Vorhandensein von Temperaturunterschieden im Kühlschrank als sehr angenehm empfinden (s. auch Abb. 29).

Es ist eine durch tägliche Erfahrung gewonnene Erkenntnis, daß nur die viel Wasser enthaltenden Speisen und Lebensmittel zu den leichtverderblichen gezählt werden können. Frisches Obst und Gemüse, frisches Fleisch, Milch usw. verderben im Sommer nach wenigen Tagen, während andere Lebensmittel, wie getrocknete Früchte, Hülsenfrüchte, auch Brot und Backwaren sich erheblich länger halten. Eine gewisse Ausnahme von dieser Regel machen vielleicht nur die Fette, vor allem die Butter, die zwar wenig Wasser enthält und doch nach verhältnismäßig kurzer Zeit minderwertig werden kann. Das liegt daran, daß die Butter nicht in dem gewöhnlichen Sinne verdirbt, sondern daß die Fette unter Wasseraufnahme gespalten werden in Glyzerin und Fettsäure; man nennt das ranzig werden.

Das Verderben der Lebensmittel wird hervorgerufen durch kleinste Lebewesen, wie Schimmel, Hefepilze, Bakterien usw. Man kann im großen und ganzen zwei Wege unterscheiden. Die Lebensmittel werden entweder sauer, oder sie werden faul. Sauer werden vor allem Lebensmittel, die Zucker und Stärke enthalten. Eine Fäulnis tritt hauptsächlich bei den Lebensmitteln auf, die Eiweiß enthalten. Eine Eiweißzersetzung ruft den von faulen Eiern bekannten Geruch hervor. Die letztere Art der Zersetzung ist besonders gefährlich; denn hier können sich bereits nach kurzer Zeit gesundheitsgefährliche Gifte bilden.

Die Vermehrung dieser kleinsten Lebewesen hat zwei wichtige Voraussetzungen, die im allgemeinen gleichzeitig vorhanden sein müssen, das sind Feuchtigkeit und Wärme. Auch bei den normalen Pflanzen sind Feuchtigkeit und Wärme für das Wachstum notwendig. In der Kälte und in übergroßer Trockenheit entwickeln sich die Pflanzen nicht. Die wichtigsten Mittel gegen das Verderben von Lebensmitteln sind daher Trockenheit und Kälte. Eine Abtötung der Bakterien ist im allgemeinen nicht möglich. Selbst durch übergroße Kälte lassen sich nicht alle Bakterien restlos töten. Dazu kommt, daß überall in der Luft Bakterien umherschwärmen, die alle Lebensmittel, auch die gerade von Bakterien befreiten, befallen und sich auf ihnen zu vermehren beginnen.

Im allgemeinen kann man sagen, daß das Wachstum der Bakterien um so mehr gehindert wird, je tiefer die Temperatur liegt, d. h. die Haltbarkeit der Lebensmittel ist um so größer, je kühler sie lagern.

Im Haushalt handelt es sich ja nur um eine Aufbewahrung über mehrere Tage, unter Umständen nur über mehrere Stunden. Es genügt daher vollkommen, wenn die Lebensmittel in Temperaturen von etwa $+6$ bis $+8°$ aufbewahrt werden. Es ist aber eine falsche Auffassung, wenn man annehmen würde, daß sich verderbliche Lebensmittel in einem guten Kühlschrank, auch bei noch tieferen Temperaturen, beliebig lange halten können.

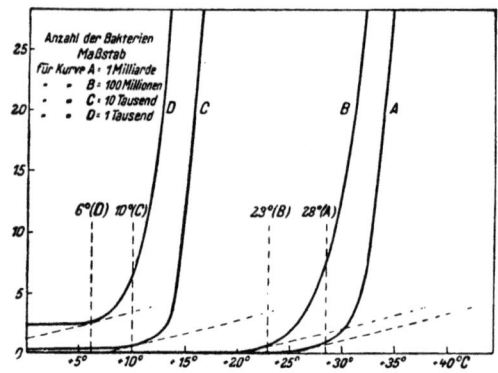

Abb. 27. Wachstum von Bakterien in Milch; Anzahl der Bakterien pro Kubikzentimeter nach 24 Stunden bei verschiedenen Außentemperaturen

Um einen Überblick zu geben, wie stark Bakterien sich vermehren können, sei auf die Abb. 27 verwiesen[1]. Dort ist die Anzahl der Bakterien angegeben, die bei verschiedenen Temperaturen nach 24 Stunden in einem Kubikzentimeter frischer Milch enthalten sind. Beste Säulingsmilch enthält etwa 2500 Keime pro Kubikzentimeter. Dies ist bereits ein hoher Grad von Reinheit für frische Milch. Aus der Kurve D ersieht man, daß bei $+7°$ eine deutliche und schnelle Aufwärtsentwicklung der Bakterien beginnt. Bei $+12°$ ist die Entwicklung bereits so schnell, daß man die Kurve in 10fachem Maßstabe darstellen muß, um noch eine Übersicht zu behalten. Bei den höheren Temperaturen von $+21$ bis $+30°$ mußten die Maßstäbe noch viel größer gewählt werden. Denn bei einer Lagerung bei $23°$ ist die Anzahl der Keime nach 24 Stunden unter sonst gleichen Bedingungen bereits 25 Millionen pro Kubikzentimeter. Man ersieht also hieraus, wie ungeheuer rasch sich bei hohen Temperaturen die Bakterien vermehren.

Es sollen nun für einige der wichtigsten Lebensmittel die günstigsten Kühlbedingungen durchgesprochen werden.

Bei der *Fleischkühlung* kommt es neben der Temperatur wesentlich auf den Feuchtigkeitsgehalt der Luft an. Man muß stets vermeiden, daß die Oberfläche des Fleisches feucht ist. Im Schlachthof wird das frisch geschlachtete Fleisch sofort in den Kühlraum gebracht und möglichst schnell auf etwa $0°$ bis $+1°$

---

[1] Aus Bulletin 98, U. S. Departement of Agriculture, 88 pp. 1914.

Die Bedingungen für günstige Lebensmittellagerung

herunter gekühlt. Es ist übrigens eine nicht überall bekannte Tatsache, daß frisch geschlachtetes Fleisch, insbesondere Rindfleisch, unschmackhaft, schwer zu kauen und zu verdauen ist. Erst bei einer mehrtägigen Lagerung im Kühlraum tritt das sog. Reifen des Fleisches ein. Dieses Reifen wird durch Einwirken der Fleischmilchsäure und durch langsames Lösen der Muskelstarre erreicht und benötigt im allgemeinen eine Zeit von 4—8 Tagen.

Je höher man den Feuchtigkeitsgehalt der Luft wählt, um so geringer ist der Gewichtsverlust des Fleisches; denn wenn die Luft zu trocken ist, wird das Fleisch austrocknen und sowohl an Gewicht als an Geschmack verlieren. Andererseits darf aber der Feuchtigkeitsgehalt auch nicht zu groß sein, damit das Wachstum von Bakterien und Schimmelpilzen auf jeden Fall gehemmt wird.

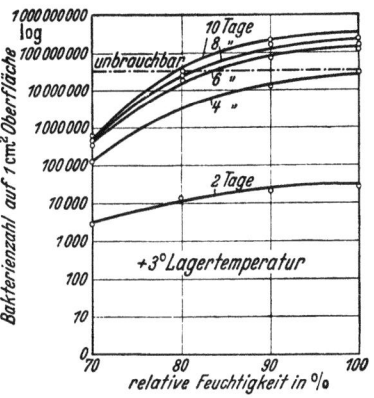

Abb. 28[1]. Wachstum der Bakterien auf Fleisch in Abhängigkeit von der Luftfeuchtigkeit und der Lagerdauer

Über den Zusammenhang zwischen Temperatur, Feuchtigkeitsgehalt und Bakterienwachstum bei Fleisch hat LOESER interessante Versuchsergebnisse veröffentlicht[1]. Aus den zahlreichen Versuchen seien die Ergebnisse bei $+3°$ Lagertemperatur herausgegriffen. In Abb. 28 ist die Anzahl der Bakterien pro Quadratzentimeter Fleischoberfläche bei verschiedenem Feuchtigkeitsgehalt und verschiedener Lagerdauer aufgetragen. Man erkennt hieraus den großen Einfluß der relativen Feuchtigkeit. Je höher die Feuchtigkeit, um so stärker die Vermehrung der Bakterien. Der Übergang zwischen gut und unbrauchbar ist gekennzeichnet durch die strichpunktierte Linie. Weitere Kurven, die hier nicht angeführt werden können, zeigen, daß das Wachstum der Bakterien bei $+6°$ bereits erheblich stärker und bei $0°$ schon bedeutend schwächer ist.

Im Haushalt handelt es sich ja nun nicht um mehrwöchentliche Aufbewahrung, daher kann man auch etwas höhere Temperaturen zulassen. Die Feuchtigkeit sollte jedoch möglichst 80% nicht übersteigen, da durch das Türöffnen die Luftfeuchtigkeit vorübergehend sowieso stark erhöht wird. Man muß ja auch berücksichtigen, daß das Fleisch bereits längere Zeit gelagert hat, wenn es in den Haushalt kommt.

---

[1] Z. VDI. (April 1934) Nr. 17, S. 536.

Es ist auch stets zu empfehlen, das Fleisch aus dem Verpackungspapier herauszunehmen, auf einen Teller zu legen und mit einem sauberen Tuch außen sorgfältig abzutrocknen. Bewahrt man es so in kalter, trockener Luft auf, so bildet sich eine dünne, trockene Außenschicht, die ein befriedigendes Frischhalten gewährleistet.

Bei der *Milchkühlung* ist tiefe Temperatur unbedingt erforderlich. Die Abkühlung muß sofort nach dem Melken geschehen und zwar bis auf etwa $+2°$ herunter, in besonderen Milchkühlern, die schnelle Kühlung gestatten. Ebenso muß die Milch auf dem Transport, im Milchverkaufsgeschäft und auch im Haushalt stets kühl gehalten werden. Im Gegensatz zu Fleisch, das bei richtiger Behandlung durch Gefrierenlassen keine Geschmacksveränderung erleidet, sollte man Milch nicht frieren lassen; denn es tritt dabei eine Trennung von Rahm und Magermilch ein, deren Wiedervereinigung beim Auftauen Schwierigkeiten bereitet und die Qualität vermindert. Erst in neuerer Zeit hat man durch besonders schnelle Kühlung mit sehr tiefen Temperaturen diese Schwierigkeiten überwunden.

Ein Mittel, um die Haltbarkeit der frischen Milch zu verlängern, ist das Abkochen oder noch besser das Pasteurisieren. Das Pasteurisieren besteht darin, daß man die Milch etwa eine halbe Stunde lang auf einer Temperatur von 62—65° hält. Danach muß sie jedoch so schnell wie möglich wieder tief gekühlt werden. Eine gänzliche Abtötung aller Bakterien ist allerdings weder durch Pasteurisieren, noch durch Kochen mit Sicherheit zu erreichen, so daß auch diese Maßnahmen die Haltbarkeit der Milch höchstens um einige Tage verlängern können. Einwandfreie Zahlen über die Haltbarkeit der Milch im Kühlschrank lassen sich nicht geben, weil der Anfangszustand der Milch außerordentlich verschieden ist. Abgesehen vom Gesundheitszustand der Tiere ist die Haltbarkeit weitgehend abhängig von der Sauberkeit beim Melken und der raschen Tiefkühlung. Jedenfalls kann man damit rechnen, daß gute, richtig gewonnene Milch sich im Kühlschrank im rohen Zustand und in geschlossenen Flaschen etwa 4—6 Tage lang frisch hält, sofern sie nicht inzwischen mehrfach herausgenommen wird. Das ist also für den Haushalt mehr als genug.

In Rücksicht darauf, daß die Milch stets schnell abgekühlt und sehr kühl gehalten werden soll, setzt man sie zweckmäßig an die kälteste Stelle im Kühlschrank. Dies ist nach den vorherigen Ausführungen die Stelle unmittelbar unter dem Verdampfer. Es ist natürlich empfehlenswert, sie in einem geschlossenen Gefäß in den Kühlschrank hineinzustellen.

Die Bedingungen für günstige Lebensmittellagerung 51

Die Aufbewahrung von *Gemüse* ist ebenfalls eine wichtige Aufgabe des Kühlschrankes. Infolge ihres großen Wassergehaltes und ihrer großen Oberfläche trocknen die Gemüse sehr schnell aus. Man sagt, sie welken. Diese Erscheinung beobachtet man an heißen Tagen bereits nach mehreren Stunden. Auch im Kühlschrank kann ein Welken und Trocknen stattfinden, wenn der Feuchtigkeitsgehalt des Schrankes zu gering ist. Es ist daher die beste Lösung, wenn man für Gemüse im Kühlschrank einen kleinen abgetrennten Raum vorsieht, der mit dem übrigen Raum keine oder nur eine kleine Verbindung besitzt. Das einfachste ist, man nimmt ein größeres Glas oder einen Topf mit Deckel und bewahrt das Gemüse in diesem getrennt auf. Es stellt sich dann hier von selbst durch das Ausdünsten ein höherer Feuchtigkeitsgehalt ein, der für das Frischhalten des Gemüses von großer Bedeutung ist. Im Prinzip ist dies dieselbe Methode, die in jedem Haushalt vom Frischhalten des Brotes in einer Blechbüchse bekannt ist. Es ist möglich, auf diese Weise beispielsweise Kopfsalat eine Woche lang frisch zu halten.

Die Temperaturen, die zur Kühlhaltung notwendig sind, sind im allgemeinen nicht so tief wie die Temperaturen für Milch. Man kann das Gemüse daher ruhig im obersten Fach des Schrankes aufbewahren, d. h. dort, wo es am wärmsten ist. Heute sieht man für die Aufbewahrung von Gemüse meist das unterste Fach des Kühlschrankes vor und schließt es gegen den oberen Raum durch eine Glasplatte ab (aber nicht völlig dicht). Hierdurch stellt sich sowohl eine 1 bis 2° höhere Temperatur, als auch ein höherer Feuchtigkeitsgehalt ein, also gerade das, was man für die Gemüseaufbewahrung anstrebt. Meist ordnet man noch unter der Glasplatte eine Schublade, eine sog. Gemüseschale, an, um die Bedienung zu erleichtern.

Ganz ähnlich verhält es sich mit dem *Obst*. Auch frisches Obst verlangt einen verhältnismäßig hohen Feuchtigkeitsgehalt. Andererseits muß man aber darauf achten, daß das Obst nicht von vornherein in nassem Zustand in den Schrank hineinkommt. Am besten ist es, die möglichst trockenen Früchte in einer Schale mit lose schließendem Deckel aufzubewahren (Waschen erst unmittelbar vor Gebrauch!). Auch bezüglich Temperaturen gilt für Ost ähnliches wie für Gemüse. Es ist daher das beste, es an der gleichen Stelle wie das Gemüse aufzubewahren. Das einzige Obst, bei dem man eine gewisse Vorsicht walten lassen muß, sind Bananen, denn diese sollten keine tieferen Temperaturen als 10° annehmen.

Butter soll, wenn sie längere Zeit aufbewahrt wird, auch sehr kühl lagern. Man bringt sie daher zweckmäßig in der Nähe der

Milch, also an der kältesten Stelle des Kühlschrankes unter. Nur die Butter, die dem täglichen Gebrauch dient, sollte möglichst an der wärmsten Stelle im Kühlschrank aufbewahrt werden; denn sie ist sonst so hart, daß sie sich nicht streichen läßt.

Fisch verlangt für die Aufbewahrung sehr tiefe Temperaturen. Man sollte ihn zunächst außen sorgfältig abtrocknen und dann auf Eis legen. Hierzu verwendet man zweckmäßig die Tropfschale unter dem Verdampfer, die man mit Eiswürfeln aus der Eislade füllt. Eine längere Aufbewahrung von Fisch ist nicht zu empfehlen; man sollte Fisch hauptsächlich nur für den Verbrauch am gleichen Tage einkaufen.

Eine wichtige Frage für den Haushaltkühlschrank ist die *Geruchübertragung*. Es gibt eine Reihe Lebensmittel, die einen intensiven Eigengeruch haben und wieder andere, die gegen Geruch sehr empfindlich sind und jeden Geruch anziehen. Zu den ersteren gehört hauptsächlich Fisch, Käse und Gemüse, zu den letzteren hauptsächlich Butter, Milch und feine Wurstwaren.

Abb. 29. Zweckmäßige Anordnung der Lebensmittel in einem Kühlschrank

Um eine Geruchübertragung zu vermeiden, sollte man soweit wie möglich alle diese Lebensmittel in geschlossenen Gefäßen aufbewahren oder wenigstens mit einem Teller zudecken. Dann wird die Geruchübertragung so gering, daß sie den Geschmack nicht nachteilig beeinflußt.

Es kommt dazu, daß der Schneeansatz, der sich im allgemeinen am Verdampfer bildet, bereits in sehr wünschenswerter Weise Gerüche absorbiert. Es ist daher zweckmäßig, stark riechende Lebensmittel in dem obersten Fach des Kühlschrankes aufzubewahren.

Denn die Luft gelangt bei ihrer Zirkulation durch den Schrank unmittelbar hinterher an den Verdampfer und gibt ihren Geruch zum größten Teil an den Schnee ab. Auf diese Weise bleiben die übrigen Speisen weitgehend unbeeinflußt. Im Interesse einer möglichst geringen Geruchübertragung ist es auch vorteilhaft, einen kräftigen Luftumlauf zu haben.

Ein ganz anderer Vorschlag zur Erhöhung der Haltbarkeit von Lebensmitteln im Kühlschrank und zur Vermeidung von Gerüchen ist in Amerika gemacht worden. Die Firma Westinghouse hat eine kleine Glimmlampe, die ultraviolette Strahlen aussendet, in Kühlschränke eingebaut. Diese ultravioletten Strahlen sind in der Lage, Bakterien abzutöten, also damit die Haltbarkeit der Lebensmittel zu verlängern und gleichzeitig das Entstehen von Gerüchen zu vermeiden. Diese Lampe, die unter dem Namen Sterilampe bekannt ist, hat bei 6—12 Watt Aufnahme nur eine sehr geringe Wärmewirkung, so daß der Kälteverlust gering ist.

Die Abb. 29 zeigt schematisch einen Kühlschrank mit seitlich angeordnetem Verdampfer. In allen Fächern ist bildlich dargestellt, welche Arten von Lebensmitteln in ihnen untergebracht werden sollen. Diese Anordnung ist natürlich keine notwendige; doch dürfte es zweckmäßig sein, sich ungefähr nach ihr zu richten.

XIV. Konservierung von Lebensmitteln durch Tiefgefrieren

Es wurde bereits im vorigen Kapitel darauf hingewiesen, daß sich leicht verderbliche Lebensmittel bei den üblichen Kühlschranktemperaturen von etwa plus 6° durchschnittlich nur eine Woche halten. Je tiefer nun die Aufbewahrungstemperaturen gewählt werden, um so länger wird die Haltbarkeit. Bei der gewerblichen Kühlung von Lebensmitteln, bei der es auf Haltbarkeit von einigen Wochen ankommt, geht man daher mit der Aufbewahrungstemperatur bis unmittelbar an den Gefrierpunkt herunter. Aber nur bei wenigen Lebensmitteln, beispielsweise bei Eiern, erreicht man auf diese Weise eine Lagerdauer von einigen Monaten. Für eine wirklich einwandfreie Haltbarkeit über viele Monate hinaus genügt auch diese Temperatur nicht.

Wenn man nun bewußt den Gefrierpunkt unterschreitet, die Lebensmittel zum Einfrieren bringt und in diesem Zustand bei etwa —20° aufbewahrt, ist es möglich, einwandfreie Lagerzeiten bis zu einem Jahr zu erreichen. Es war jedoch eine intensive Forschungsarbeit notwendig, um ein solches Ergebnis zu erzielen. Der Laie ist zunächst geneigt, Lebensmittel, die einmal gefroren waren, als minderwertig zu betrachten. Es sind auch ganz bestimmte Voraussetzungen dafür notwendig, damit das Einfrieren wirklich gute Resultate ergibt. Die wichtigste Bedingung ist, daß das Einfrieren sehr schnell vor sich geht. Bei langsamem Einfrieren bildet das Wasser, das in den Lebensmitteln enthalten ist, mehr oder weniger große Kristalle, die die Zellen zerstören und nach dem Wiederauftauen die Beschaffenheit und Qualität der Lebensmittel völlig verändern. Je schneller das Durchfrieren geschieht, um so kleiner bleiben die Eiskristalle und um so vollendeter bleibt die ursprüngliche Struktur der Lebensmittel erhalten.

Eine weitere Vorbedingung ist die, daß die Lebensmittel möglichst bereits einige Stunden nach dem Wiederauftauen verbraucht werden; ihre Haltbarkeit nach dem Wiederauftauen ist gering. Man muß also dafür sorgen, daß die tiefgefrorenen Lebensmittel bis unmittelbar vor dem Verbrauch tiefgekühlt bleiben.

Die Entwicklung der Gefrierkonserve in Europa begann kurz vor dem Kriege und wurde in den ersten Kriegsjahren zu einem vorläufigen Abschluß gebracht. Es wurden damals Gefrierkonserven bereits in größerem Umfange dem Publikum angeboten. In den letzten Kriegsjahren und den ersten Nachkriegsjahren war ihre Bedeutung nur gering, weil bei der schlechten Lebensmittelversorgung gar keine Ware hierfür übrig blieb. Erst in der letzten Zeit tritt die Gefrierkonserve wieder mehr in den Vordergrund; es ist zu erwarten, daß das Angebot an Gefrierkonserven immer mehr steigen und der Ausbau der Erzeuger- und Verteilerorganisationen laufende Fortschritte machen wird.

In Amerika hat diese Entwicklung einen viel rascheren und ungestörteren Verlauf genommen. Der amerikanische Lebensmittelhändler bietet heute in jeder Kleinverkaufsstelle Gefrierkonserven aller Art in einer Reichhaltigkeit an, von der wir uns hier kaum eine Vorstellung machen können. Teilweise ist der Umsatz in Gefrierkonserven bereits größer als in Dosenkonserven.

Die Gefrierkonserve ist aber keinesfalls auf Obst und Gemüse beschränkt, sie hat sich bei Fleisch, Geflügel und Fisch ebenfalls ein großes Absatzgebiet erobert. Ja, die Entwicklung in Amerika hat neuerdings noch darüber hinaus fertiggekochte vollständige Mahlzeiten in tiefgefrorenem Zustand angeboten. Die Hausfrau hat nur noch die Aufgabe, die Packungen aufzutauen und heiß zu machen.

Das Tiefgefrieren selbst ist im wesentlichen eine Industrieaufgabe und seine Methoden und maschinellen Einrichtungen sollen daher an dieser Stelle nicht näher beschrieben werden. Es sei nur kurz auf einiges Grundsätzliche hingewiesen. Eine der am häufigsten angewendeten Methoden ist folgende: Die Lebensmittel werden zunächst entsprechend zubereitet, dabei wird Gemüse in den meisten Fällen ganz kurz mit kochendem Wasser oder Dampf überbrüht, um die an der Oberfläche sitzenden Keime und Bakterien abzutöten. Man nennt diesen Vorgang das sogenannte „Blanchieren". Die Einwirkungszeit ist dabei so kurz, daß das Material innen gar nicht heiß wird, d. h. also, praktisch roh bleibt. Das Kühlgut, wird dann entweder in dünner Schicht auf großen Schalen oder gleich in Packungen eingefüllt auf einem Fließband durch einen Tunnel hindurchgeführt, in dem durch kräftige Ventilatoren kalte Luft von —30° bis —40° mit großer Geschwindigkeit über das Kühlgut geblasen wird. Hierdurch wird die notwendige kurze Gefrierzeit erreicht.

Ein besonderes Problem ist die Verpackung. An sie werden folgende Anforderungen gestellt: Sie soll möglichst feuchtigkeitsdicht sein, es soll durch sie hindurch keine Einwirkung des Luftsauerstoffes möglich sein, und sie muß unempfindlich sein gegen Fruchtsäure und Fette. Man nimmt daher Pappkartons, paraffiniert sie und überzieht sie außerdem mit Zellophan. Für den Privatbedarf ist eine Packung genormt, die etwa 650 g enthält; für den Großverbraucher, Krankenhäuser und Verpflegungsstätten gibt es größere, beispielsweise 10-Pfund-Packungen.

Der Vitamingehalt von Obst und Gemüse, das bei normaler Temperatur aufbewahrt wird, nimmt bereits nach 24 Stunden außerordentlich stark ab und schon nach 1—2 Tagen kann, wie uns die tägliche Erfahrung lehrt, die Ware erheblich gelitten haben. Diesen Nachteil der Vitaminverminderung kann die Gefrierkonserve vermeiden, wenn die Fabrik mitten im Erzeugungsgebiet liegt und wenn durch eine entsprechende Organisation dafür gesorgt wird, daß die Materialien bereits wenige Stunden nach dem Pflücken verarbeitet werden. Man kann dann das Obst beispielsweise auf dem Baum völlig reifen lassen, es also in einem Augenblick verarbeiten, in dem es seinen höchsten Vitamingehalt hat. Die Erfahrung hat nun gezeigt, daß bei dem schnellen Tiefgefrieren auch bei langer Lagerung bei tiefer Temperatur die Vitaminverluste gering sind. Die also nach vielen Monaten Aufbewahrungsdauer kurz vor dem Verbrauch aufgetaute Gefrierkonserve ist in bezug auf ihren Vitamingehalt fast so hochwertig, wie die frische Frucht. Bei der Dosenkonserve ist der Vitamingehalt ganz beträchtlich geringer. Da sich zum Tiefgefrieren fast durchweg nur erstklassige Sorten und Qualitäten eignen, also Sorten minderer Qualität überhaupt nicht verarbeitet werden, ist auch ein höherer Preis der Gefrierkonserve gerechtfertigt.

Die Haltbarkeit ist um so länger, je tiefer die Aufbewahrungstemperatur ist. Als praktischen Mittelwert wählt man vielfach —18° C; bei dieser Temperatur kann man die meisten Gefrierkonserven etwa 1 Jahr ohne Qualitätsverluste aufbewahren. Die Packungen werden in großen Kühlhäusern dicht aufeinandergestapelt bei dieser Temperatur aufbewahrt. Wichtig ist nun, daß bis zu der Verteilung an den letzten Verbraucher die Kühlkette, oder wie man besser sagen müßte, die Gefrierkette nicht abreißt. Zu diesem Zweck hat die Industrie Tiefkühltruhen entwickelt, die in den Lebensmittelgeschäften die Waren ebenfalls auf einer Temperatur von etwa —18° halten, bis sie an den letzen Verbraucher verkauft werden. Der Transport vom Kühlhaus bis zum Kleinverteiler muß ebenfalls in tiefgekühlten Lastwagen erfolgen.

Abb. 30 zeigt eine Tiefkühltruhe, wie sie für Lebensmittelgeschäfte und auch Privathaushalte geliefert wird. Bedient wird die Truhe von oben, damit beim häufigen Öffnen des Deckels die kalte Luft nicht entweicht und die übrigen Packungen angewärmt werden. Diese Tiefkühltruhen sind mit einem Kompressorkühl-

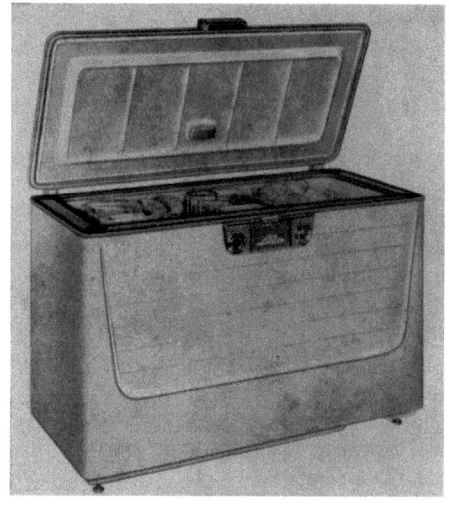

Abb. 30. Tiefkühltruhe (Linde)

aggregat ausgerüstet, das genau so gebaut ist, wie für Kühlschränke, nur daß im allgemeinen seine Leistung höher sein muß. Abweichend von der Kühlschrankbauart ist lediglich die Ausführung des Verdampfers. Man baut den Verdampfer nicht so wie beim Kühlschrank, sondern führt die gesamte Innenwand als Verdampfer aus (Abb. 31).

Dieser besteht genau wie in Abb. 15 aus 2 aufeinander gewalzten Aluminumblechen mit einem inneren Rohrsystem, durch das das Kältemittel zirkuliert. Auf diese Weise wird die gesamte Innenwand gekühlt, d. h. es wird verhindert, daß Wärme von außen in den Innenraum eindringt. Die Isolation der Tiefkühltruhe wählt

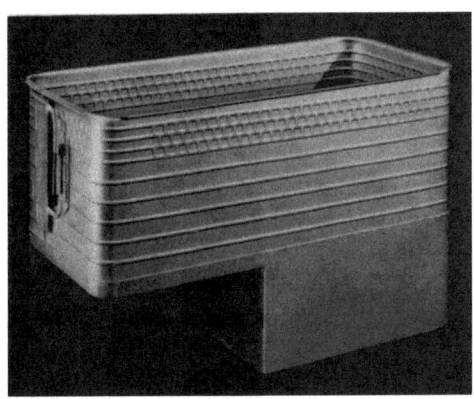

Abb. 31. Evidal Verdampfer für Tiefkühltruhen, aus Aluminiumblechen geschweißt (VDM)

man im allgemeinen stärker als beim Kühlschrank — bis zu 12 cm — um bei den großen Temperaturdifferenzen zwischen innen und außen den Kältebedarf nicht allzu groß werden zu lassen.

Es ist erwünscht, die Gefrierkette noch weiter zu treiben, d. h. also, möglichst auch noch beim letzten Verbraucher die Gefrierpackungen bei tiefer Temperatur aufzubewahren. Wenn man den Verdampfer des Kühlschrankes entsprechend groß gestaltet, so kann man in ihm 10 oder mehr Gefrierpackungen aufbewahren. Natürlich ist die Temperatur im allgemeinen nicht gleichmäßig tief genug, um eine längere Lagerzeit zu erzielen, aber für eine Aufbewahrungsdauer über einige Wochen ist ein solches „Tiefkühlfach" durchaus geeignet. Neuerdings trennt man bei größeren Schränken das Tiefkühl- bzw. Gefrierfach durch eine besondere Isolation ganz vom eigentlichen Kühlschrank ab und gibt ihm eine besondere Türe. Jeder Schrankteil hat seinen besonderen Verdampfer und Temperaturregler. Abb. 32 zeigt einen solchen Schrank, bei dem das Gefrierfach, weil weniger häufig gebraucht, unten liegt. Hier kann man selbst Konserven einfrieren und monatelang aufbewahren.

Die Vorteile des Tiefgefrierverfahrens sind so groß und überzeugend, daß sich in der Zukunft noch viele neue Anwendungsmöglichkeiten erschließen werden. In der Landwirtschaft hat sich inzwischen die Einrichtung von Gemeinschaftsgefrierhäusern eingebürgert. Es wird dort ein kleines Gefrierhaus errichtet, das eine einfache Einrichtung zum Tiefgefrieren und einen großen Aufbewahrungsraum für Tiefgefrierkonserven enthält. Dieser Aufbewahrungsraum ist in sogenannte Schließfächer eingeteilt. Jeder Landwirt der näheren Umgebung mietet sich ein solches Schließfach und benützt es als Vorratsraum für verderbliche Lebensmittel, insbesondere für das selbstgeschlachtete Fleisch, und das Obst und Gemüse für den Winter. Er hat damit den Vorteil, stets eine Qualität zu haben, die der frischen Ware kaum nachsteht. Für die Benutzung eines solchen Schließfaches bezahlt man eine verhältnismäßig geringe monatliche Mietgebühr. Die Vorteile sind so in die Augen springend, daß schon viele solcher Schließfachanlagen vorhanden sind, von denen jede Anlage bis zu hundert Schließfächer enthält. Im Durchschnitt sind diese Schließfächer so groß, daß sie etwa 100 kg Ware aufnehmen können.

Abb. 32. Kühlschrank mit abgetrenntem Gefrierfach im unteren Teil (Linde)

Doch die amerikanische Entwicklung ist bereits weitergegangen. Dort haben schon sehr viele Privatleute heute eine Kleintiefgefrieranlage und der Umsatz solcher „freezers" hat sich in den letzten Jahren so stark entwickelt, daß jährlich viele hunderttausende verkauft werden. Sie haben einen Inhalt von 200—600 l und sind ähnlich gebaut, wie die oben beschriebenen Tiefkühltruhen, wie sie hier die Lebensmittelgeschäfte haben. Die Hausfrau ist damit in der Lage, Obst, Gemüse, Fleisch usw. selbst einzufrieren und monatelang aufzubewahren.

Zur Vervollständigung sei noch erwähnt, daß in den letzten Jahren in Amerika gefrorene Obstsäfte sich besonderer Beliebtheit erfreuen, insbesondere Orangensäfte. Die neueste Entwicklung bringt gefrorene eingedickte Vollmilch, der man große Aussichten gibt.

Die reichliche Lebensmittelversorgung, die Höhe des Lebensstandards der Bevölkerung, die extremen Temperaturverhältnisse und der hohe Stand der Kälteindustrie haben in Amerika diesem Gebiet der Tiefgefrierkonserve eine ungeheure Bedeutung und Ausbreitung gegeben. In Europa wurde der vielversprechende Anlauf des Tiefgefrierverfahrens durch den Krieg jäh unterbrochen. Wenn wir auch die Umsatzziffern Amerikas nicht erreichen werden, so zeigen die dortigen Verhältnisse doch, welche Entwicklungsaufgaben und Aussichten wir auch in Europa vor uns haben.

D. Besondere Ausführungsformen von Kühlschränken

XV. Einige spezielle Ausführungen von Kompressor-Kühlschränken

Bei Haushaltkühlschränken werden heute nur noch gekapselte Aggregate, selbstverständlich mit Ausnahme der für Gleichstrom bestimmten Schränke, verwendet. Im folgenden sollen einige Aggregate kurz beschrieben und im Bild gezeigt werden. Die einzelnen Konstruktionsmerkmale haben sich in den letzten Jahren immer mehr aneinander angeglichen. Alle verwenden heute Frigen als Kältemittel und ein Kapillarrohr als Drosselorgan; außerdem wird allgemein eine Trockenpatrone in den Kältemittel-Kreislauf eingeschaltet. Der Kondensator wird durchweg als ruhender Kondensator, d. h. ohne künstliche Belüftung durch einen Ventilator gebaut.

Abb. 33 zeigt die Kapsel des AEG-Aggregates nach Abnahme des oberen Teiles der Kapsel. Man sieht den Motor und oben

Abb. 33. Motor und Kompressor des AEG Kühlaggregates nach Abnahme des Kapseloberteiles

60   Besondere Ausführungsformen von Kühlschränken

darauf den Kolbenkompressor. Links unten an der Kapsel sind die drei Durchführungen für die elektrische Zuleitung. Nach

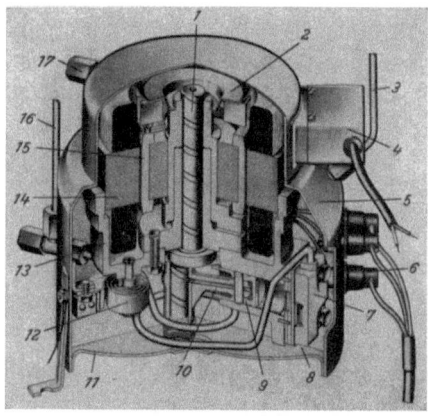

Abb. 34. Schnitt durch die Kapsel des Bosch-Kühlaggregates
1 Motorwelle, *2* Lüfter, *3* Saugleitung, *4* Motorschutzschalter, *5* Kapselgehäuse, *6* Stromdurchführung, *7* Kompresserdeckel, *8* Schmieröl, *9* Kolben, *10* Schubstange, *11* Gehäuseboden, *12* Aufhängefeder, *13* Ständergehäuse, *14* Ständerpaket, *15* Läuferwicklung, *16* Druckrohr, *17* Füllstutzen

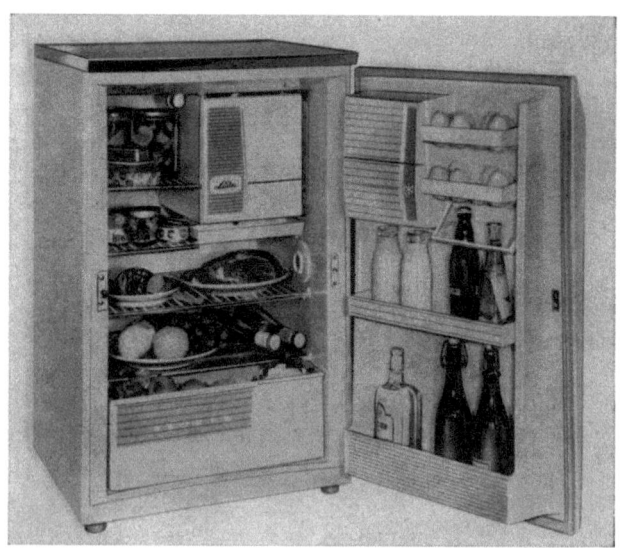

Abb. 35. Linde Kühlschrank 135 l mit Butterfach, Abstellern in der Tür und Gemüseschalen

Einige spezielle Ausführungen von Kompressor-Kühlschränken 61

Montage des Motors und Kompressors wird der obere Teil der Kapsel auf den unteren aufgeschweißt.

In Abb. 34 sieht man einen Schnitt durch die Kapsel des Bosch-Aggregates. Die senkrechte Kurbelwelle treibt über eine Schubstange den hin- und hergehenden Kolben unmittelbar an (unten rechts). Aus dem Ölvorrat am Boden der Kapsel wird durch die spiralförmigen Nuten in der Kurbelwelle das Öl an alle Schmierstellen herangeführt. Der Motorschutzschalter ist oben rechts unmittelbar an der Kapsel befestigt.

Der *Linde*-Kühlschrank hat einen gekapselten Schubkolben-Kompressor mit Anlaufentlastung. Abb. 35 zeigt einen 135 l *Linde*-Kühlschrank in der heute üblichen Ausstattung mit Gemüseschale unter einer Glasplatte, Butterfach und Abstellfächern in der Türe. An der rechten Innenwand sitzt der Thermostat, der mit der automatischen Innenbeleuchtung kombiniert ist. Die beiden oberen halben Roste können leicht heruntergeklappt werden.

Abb. 36 zeigt das Aggregat eines *Siemens*-Kühlschrankes. Der Kompressor ist ein Rollkolbenkompressor. Verschiedene Kälteleistungen für die einzelnen Schrankgrößen werden dadurch erreicht, daß man bei sonst gleichen Abmessungen des Kompressors die Exzentrizität und damit das Fördervolumen vergrößert oder verkleinert. Entsprechend muß auch die Motorleistung vergrößert oder verkleinert werden. Der Kompressor hat Anlaufentlastung, so daß ein normaler Wechselstrommotor mit Hilfsphase ohne besonderen Anlaufkondensator ausreicht.

Abb. 36. Aggregat des Siemens Kühlschrankes in der Ansicht

62 Besondere Ausführungsformen von Kühlschränken

Abb. 37 zeigt einen Ate-Kühlschrank 190 l mit größerem Tiefkühlverdampfer. Die Ausnützung der Türinnenseite zur Aufbewahrung kleinerer Kühlgüter ist für die modernen Ausstattungen charakteristisch.

Abb. 38 u. 39 zeigen schematisch die Verdampfer-Anordnung des Bauknecht-Kühlschrankes. Bei Abb. 38 ist der Verdampfer

Abb. 37. Ate-Kühlschrank mit Tiefkühlverdampfer

durch Klappen gegenüber dem übrigen Kühlschrank abgeschlossen. Es stellt sich also eine hohe Temperaturdifferenz zwischen Verdampfer und Schrank ein (Tiefkühlung bei niedrigen Raumtemperaturen). Bei Abb. 39 sind die Luftklappen zwischen Verdampfer und Schrank geöffnet; die Temperaturdifferenz wird kleiner (geeignet bei hoher Raumtemperatur, bei der die Temperaturdifferenz somit größer wird.)

Es sei an dieser Stelle noch einiges über den Stromverbrauch von Kompressorkühlschränken gesagt. Kälteleistung und Wirkungsgrad variieren je nachdem, ob die Maschine mit oder ohne Stopfbuchse arbeitet, ob Rotations- oder Kolbenkompressor verwendet wird, und ob die Regulierung durch ein Schwimmerventil

Einige spezielle Ausführungen von Absorptions-Kühlschränken

oder Kapillare erfolgt. Sie sind außerdem verschieden je nach der Temperaturdifferenz zwischen Verdampfer und Schrankinneren.

Von wesentlichem Einfluß auf den Stromverbrauch ist auch die Güte der Schrankisolation. Besonders ist aber der Einfluß der Außentemperaturen zu berücksichtigen. Bei niedrigen Außentemperaturen ist die Leistungsziffer sehr hoch, dagegen fällt bei höheren Außentemperaturen die spezifische Kälteleistung stark ab. Da aber an heißen Tagen der Kältebedarf stark steigt, so steigt der Stromverbrauch wesentlich rascher an, als die Außentemperatur.

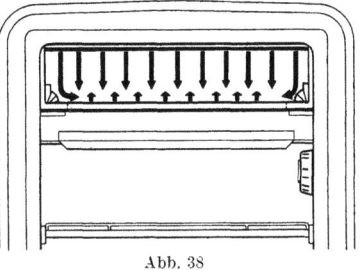

Abb. 38

Ebenfalls von großem Einfluß ist die Schranktemperatur, die meist an dem Temperaturregler verstellt werden kann. Einige Grade tiefere Schranktemperaturen bedingen unter Umständen einen wesentlichen Mehrverbrauch.

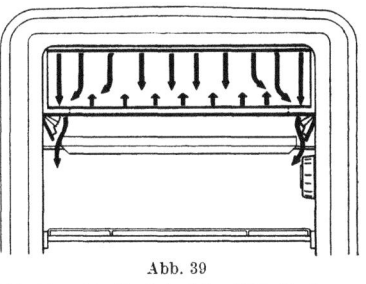

Abb. 39

Alle diese Einflüsse können sich z. T. aufheben, unter Umständen aber auch addieren.

Abb. 38 u. 39. Veränderliche Kälteübertragung zwischen Verdampfer und Schrank beim Bauknecht-Kühlschrank

Praktisch kann man sagen, daß der mittlere Stromverbrauch pro Tag (Mittelwert über das ganze Jahr) bei den kleineren Haushaltschränken zwischen 0,5—1,0 kWh liegt. Das ergibt einen Jahresverbrauch von 150—300 kWh.

Es ist natürlich anzustreben, daß der Kühlschrank auch im Winter in Benutzung bleibt, weil die Küchen und Speisekammern, besonders bei Zentralheizung, nicht genügend kalt sind. Erfahrungsgemäß bleiben die Kühlschränke mit fortschreitender Gewöhnung an ihre Annehmlichkeiten das ganze Jahr in Betrieb.

XVI. Einige spezielle Ausführungen von Absorptions-Kühlschränken

Der „Electrolux-"Kühlschrank arbeitet mit einem kontinuierlich wirkenden Absorptionsaggregat wie auf Seite 35 beschrieben.

Als neutrales Gas wird Wasserstoff verwendet. Die Beheizung kann sowohl mit elektrischem Strom als auch mit Stadtgas oder Propangas erfolgen. Für Verwendung auf dem Lande oder in unerschlossenen Gegenden kann er auch mit Petroleumheizung ausgestattet werden. Die Regelung der Kälteleistung erfolgt thermostatisch. Die ganze Kühlapparatur besteht aus einem hermetisch in sich verschweißten Stahlrohrsystem. Die Wärme des Kondensators und des Absorbers wird durch Kühlrippen an die Luft abgeführt. Als Verdampfer werden horizontale Rohr- bzw. Plattenverdampfer verwendet, deren Temperaturen und Ausführungen so abgestimmt sind, daß sich eine günstige relative Luftfeuchtigkeit und eine gute Gefrierleistung für den Inhalt der Eisladen ergibt.

Abb. 40 zeigt die Rückseite eines mit Petroleum beheizten Kühlschrankes. Man sieht rechts unten den Petroleumkocher und oben rechts den Abzug für die Abgase.

Abb 41 zeigt das Aggregat des Alaska-Absorber-Kühlschrankes. Man sieht oben den Kondensator, in der Mitte hinten die Rohrschlangen, die den Absorber bilden. Der Verdampfer vorne (das Aggregat wird von hinten in den Kühlschrank hineingeschoben) besteht aus horizontalen Rohrschlangen in mehreren Lagen übereinander.

Abb. 40. Elektrolux-Kühlschrank Typ L 230 für Petroleumbeheizung (Rückseite)

Das Kühlaggregat des Siemens-Absorber-Kühlschrankes sieht man in Abb. 42 von der Rückseite. Rechts ist der isolierte Kocher, oben der Kondensator und in der Mitte der Absorber. Zwischen den beiden letzteren liegt der Verdampfer, der nach vorne hinausragend im Kühlschrank liegt. Er besteht aus Rohrschlangen in verschiedener Höhe.

Einige spezielle Ausführungen von Absorptions-Kühlschränken 65

Sowohl der Absorber wie auch der Kondensator müssen bekanntlich gekühlt werden; sie sind daher so angeordnet, daß sie im Luftschacht liegen und ihre Wärme möglichst gut abgeben können. Je mehr Luft an diesen beiden Teilen vorbeistreicht, um so besser ist die Kälteleistung. Der Kocher wird selbstverständlich isoliert, weil er so wenig Wärme wie möglich abgeben soll. Der Verdampfer liegt im Innern des Schrankes.

Überall da, wo Wärme in eine andere Energieform übergeführt wird, entstehen Verluste, die nicht wieder zurückgewonnen werden

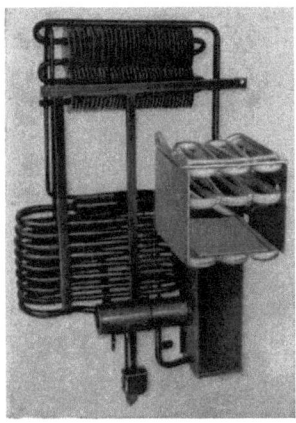

Abb. 41. Alaska Absorber-Kühlaggregat

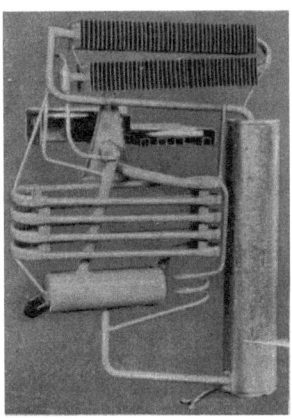

Abb. 42. Kühlaggregat des Siemens-Absorber-Kühlschrankes 80 l

können. Die Leistungsziffer, d. h. das Verhältnis von Kälteleistung zu aufgewendeter Energie, ist daher beim Absorptionssystem niedriger als beim Kompressorsystem. Man hat jedoch in den letzten Jahren eine Reihe von Verbesserungen in Hinsicht auf die Wärmeverluste und Wirksamkeit der einzelnen Elemente gemacht, so daß die heutigen Aggregate als Hochleistungsaggregate anzusprechen sind, die in ihrer Kälteleistung den Kompressoraggregaten kaum noch nachstehen und im Stromverbrauch nur noch etwa doppelt so hoch liegen.

Man rechnet, daß der mittlere Stromverbrauch pro Tag bei den kleinen Haushaltschränken zwischen 1,2 und 1,5 kWh liegt.

Der Jahresstromverbrauch der Absorptionskühlschränke liegt also zwischen 300 und 500 kWh, wenn man die gleichen Annahmen wie beim Kompressionsschrank zugrunde legt.

5 Scholl, Kühlschränke, 7. Aufl.

E. Sonderanwendungen von Kleinkältemaschinen

XVII. Klimageräte

Neben der Kühlung und Konservierung von Lebensmitteln beginnt die Kältetechnik sich ein weiteres Gebiet zu erobern, nämlich die Kühlung von Aufenthaltsräumen für Menschen, von Fabrikationsstätten, Laboratorien, Materialprüfungsräumen usw. Wir wollen in diesem Rahmen nur die Wohnraumkühlung betrachten. Zu dieser Aufgabe gehört nicht nur die eigentliche Kühlung, sondern auch die Reinigung und Entfeuchtung der Luft, Frischluftzuführung und im weiteren Sinne auch die Heizung und Befeuchtung. Die Gesamtheit dieser Aufgaben nennt man Klimatisierung und die Geräte, die hierzu dienen, Klimageräte. Wir wollen die Aufgaben im einzelnen durchsprechen und ihre Bedingungen untersuchen.

Kühlung. Es ist durchaus nicht so, wie man zunächst annehmen möchte, daß auch an heißen Tagen die angenehmste Temperatur bei etwa 20° bis 22° liegen würde. Die Temperatur, bei der sich der Mensch behaglich fühlt, die sog. Behaglichkeitstemperatur, ist von der Außentemperatur abhängig. In der nachfolgenden Tabelle sind bei den verschiedenen Außentemperaturen die zweckmäßigsten Innentemperaturen angegeben (nach den VDI-Lüftungsregeln DIN 1946).

Bei einer Außentemperatur von:	20°	25°	30°	32°	35°
ist eine Innentemperatur erwünscht von:	22°	23°	25°	26°	27°

Wie groß die Kälteleistung für die Kühlung eines Raumes auf diese Temperaturen sein muß, hängt natürlich in erster Linie von der Größe und der Isolierung des betreffenden Raumes ab. Sie hängt ferner davon ab, wie groß die Luftfeuchtigkeit ist; denn mit der Kühlung ist fast immer eine Entfeuchtung der Luft verbunden, und zum Niederschlagen der Feuchtigkeit wird ebenfalls Kälteleistung verbraucht. Man muß ferner berücksichtigen, daß der Mensch Wärme abgibt und zwar im Zustand der Ruhe (keine körperliche Arbeit) etwa 100 kcal pro Stunde. Bei Räumen, in denen sich viele Menschen aufhalten, entfällt also eine wesentlicher Teil der notwendigen Kälteleistung auf die Kompensaton der Wärmeabgabe durch die Menschen. Ferner ist die Sonnenstrahlung zu berücksichtigen und die Wärme, die durch die notwendige Frischluftzuführung in den Raum hineinkommt.

Als praktische Größe für die richtige Kälteleistung eines Klimagerätes kann man folgende Werte annehmen:

1000 kcal pro Stunde bei etwa 40 cbm Raum
1500 kcal pro Stunde bei etwa 70 cbm Raum
3000 kcal pro Stunde bei etwa 150 cbm Raum.

Entfeuchtung. Bei schwülem Wetter ist der Feuchtigkeitsgehalt der Luft sehr hoch. Ein hoher Feuchtigkeitsgehalt ist im allgemeinen für die Behaglichkeit des Menschen unangenehmer als eine hohe Lufttemperatur. Beispielsweise ist eine Lufttemperatur von 30° bis 32° C bei einer relativen Luftfeuchtigkeit von 90% unangenehmer als eine Temperatur von 40° bei einer Luftfeuchtigkeit von nur 20%. Mit der Kühlung der Luft muß also stets eine Trocknung verbunden werden. In gewissem Umfange erfolgt eine solche Trocknung von selbst. Genau so wie im Kühlschrank sich am Verdampfer Luftfeuchtigkeit niederschlägt, so wird sich auch am Verdampfer des Klimagerätes Feuchtigkeit niederschlagen und damit die Luft trocknen. Bei einer bestimmten Kälteleistung kann man nun je nach der gewählten Größe der Oberfläche des Verdampfers den Feuchtigkeitsgehalt der Luft beeinflussen. Bei kleiner Oberfläche wird die Verdampfertemperatur sehr tief und damit die Luftfeuchtigkeit sehr gering, bei großer Oberfläche des Verdampfers liegt die Verdampfertemperatur wesentlich höher und die Luft bleibt feuchter. Es sind dieselben Verhältnisse, wie sie auf Seite 39 bis 42 für die Größe des Verdampfers im Kühlschrank beschrieben worden sind.

Der höchste zulässige Raumfeuchtigkeitsgehalt liegt, wie oben erwähnt, um so niedriger, je höher die Lufttemperatur ist. Bei 25° ist die obere zulässige Grenze 66% relative Luftfeuchtigkeit. Bei 32° liegt sie bei 56% und bei höheren Temperaturen noch wesentlich niedriger. Nach unten darf die Luftfeuchtigkeit verhältnismäßig stark abweichen. So liegt die niedrigste zulässige Luftfeuchtigkeit bei den oben angegebenen Temperaturen etwa bei 35%. Infolge dieses ziemlich weiten Spielraumes ist bei der Klimatisierung von Wohnräumen im allgemeinen eine automatische Regelung der Luftfeuchtigkeit nicht notwendig.

Reinigung der Luft. Die Raumluft ist fast stets mit Staub, Tabakrauch oder sonstigen Unreinigkeiten vermengt. Deshalb muß man in den Luftkreislauf ein Filter einschalten. Ein solches Filter besteht entweder aus Stoff oder Metall (beispielsweise Raschigringfilter). Die Filter werden so angeordnet, daß sie leicht herauszunehmen sind und von Zeit zu Zeit gesäubert werden können.

Frischluftzuführung. Man kann sich bei einem Klimagerät im allgemeinen nicht darauf beschränken, die Luft im Raume lediglich umzuwälzen, sondern man muß auch Frischluft zuführen. In der praktischen Ausführung wird diese Aufgabe so gelöst, daß ein nach außen führender Luftkanal der Ansaugeöffnung für die Raumluft parallel geschaltet ist. Durch eine Klappe kann man diesen Luftkanal mehr oder weniger verschließen, so daß man jedes beliebige Mischungsverhältnis zwischen Raumluft und Frischluft herstellen kann. Im allgemeinen wird man um so mehr Frischluft zuführen, je mehr Menschen in dem Raum sich aufhalten. Mit erhöhter Frischluftzuführung steigt, wie bereits erwähnt, der Kältebedarf.

Heizung. Oft besteht der Wunsch, bei vorübergehend kühlem Wetter oder auch in der Übergangszeit mit Hilfe des Klimagerätes eine behagliche Raumtemperatur herzustellen. Deshalb werden manche Klimageräte heute auch mit einer Heizungsmöglichkeit versehen. Am einfachsten ist es, eine elektrische Heizung einzubauen. Je nach Größe des Raumes werden etwa 1000 bis 4000 Watt gebraucht. Eine solche elektrische Heizeinrichtung ist in der Herstellung verhältnismäßg billig und vergrößert den Raumbedarf des Geräte nur unwesentlich. Selbstverständlich wird dann die Kältemaschine abgeschaltet, und es arbeitet nur noch der Lüfter, der die Raumluft umwälzt. Auch hierbei kam man nach Wunsch Frischluft zusetzen.

Teilweise werden solche Klimageräte heute auch schon für Vollheizung im Winter gebaut. Bei elektrischer Heizung steigt dann die notwendige Heizleistung auf das Doppelte der oben genannten Werte. Meist sieht man aber für Vollheizung eine Rohrschlange vor, die man an die Warmwasserheizung des Hauses anschließen kann.

Befeuchtung. Bekanntlich ist im Winter insbesondere bei Zentralheizung die Luft im Raume leicht zu trocken. Der Feuchtigkeitsgehalt der Luft sollte 35% nicht unterschreiten. Man muß daher die Luft im Winter zusätzlich befeuchten; diese Aufgabe wird dadurch gelöst, daß man innerhalb des Klimagerätes die Luft über eine Wasseroberfläche streichen läßt, von der sie durch Verdunstung Wasserdampf aufnimmt. Je wärmer das Wasser ist, um so höher wird die relative Luftfeuchtigkeit in dem Raum. Man kann also durch mehr oder weniger starke Heizung des Wassers die Luftfeuchtigkeit im Raum beeinflussen und regeln.

Abb. 43 zeigt ein Schema eines kleinen Klimagerätes, das im Fenster eingebaut wird. Aus dem Innenraum tritt rechts bei UL die Raumluft ein (Umluft), wird dann von einem Lüfter L durch das Filter F am Verdampfer V vorbei über die Heizung H wieder als klimatisierte Luft KL in den Raum zurückbefördert. Durch eine Klappe Z kann man mehr oder weniger Außenluft beimischen. Ein zweiter Lüfterflügel saugt Luft von außen an (AL) und drückt sie über den Kondensator K wieder ins Freie. Durch die Klappe A kann man auch einen Teil der Innenluft über den Kondensator ins Freie saugen. MK ist der Motorkompressor; die Verbindungsleitungen zum Kondensator und Verdampfer sind nicht eingezeichnet.

Ausführung der Geräte. Der Hauptteil eines Klimagerätes ist die Kältemaschine, die genau so aufgebaut ist, wie eine Kältemaschine für einen Haushaltkühlschrank. Die Kälteleistung liegt aber wesentlich höher und zwar etwa bei dem 10- bis 20fachen.

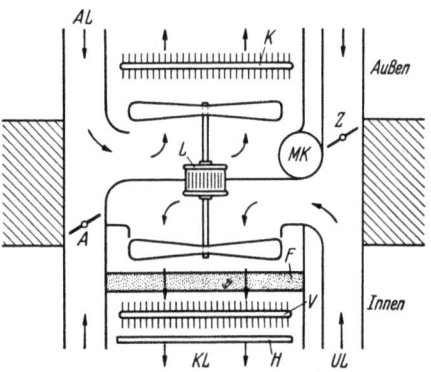

Abb. 43. Schema eines Fensterklimagerätes

Der Stromverbrauch der Kältemaschinen steigt allerdings längst nicht in dem gleichen Maße, weil die Temperaturdifferenz zwischen Verdampfer und Kondensator wesentlich geringer ist und der Wirkungsgrad bei den größeren Maschinen wesentlich höher wird. Der Kondensator eines Klimagerätes wird heute meist mit Luft gekühlt. Die Abwärme darf natürlich nicht in den Raum gelangen, sondern muß nach außen abgeführt werden. Abb. 44 zeigt ein sog. Fensterklimagerät in der Ansicht, das so eingebaut wird, daß die

Abb. 44. Fensterklimagerät in der Ansicht (Frigidaire)

Kältemaschine und der Kondensator nach außen aus dem Fenster herausragen und daß der Verdampfer, der stets einen besonderen Lüfter hat, um die Raumluft anzusaugen und über den Verdampfer zu blasen, nach innen in das Zimmer hineinragt. Selbstverständlich ist der nach außen ragende Teil durch eine Haube mit Luftschlitzen abgedeckt, so daß er durch Regen keinen Schaden nimmt. Die aus der Innenluft abgeschiedenen Feuchtigkeit, die am Verdampfer nicht zum Frieren kommt (da die Verdampfertemperatur über 0° liegt), wird durch ein Rohr in eine außerhalb des Raumes liegende Tropfschale geleitet und dort durch den Luftstrom in die Außenluft hinein verdampft.

Solche Klimageräte sind einfach in der Ausführung und daher heute schon verhältnismäßig preiswert. In Amerika haben sie in den letzten Jahren eine sehr große Verbreitung gefunden; im Jahre 1958 sind über 1 Million solcher Geräte verkauft worden. Es ist kein Zweifel, daß sie sich auch in Europa mit dem Steigen des Lebensstandards mehr und mehr einführen werden.

Abb. 45. Größeres Schrank-Klimagerät (Ate)

Diese Klimageräte werden, wie Abb. 45 zeigt, bei größerer Ausführung auch in Schrank- oder Konsolform gebaut. Sämtliche Einrichtungen sind in dem Schrank untergebracht. In diesem Falle ist das Kühlaggregat wassergekühlt. Unten sitzt die Kältemaschine; man sieht vorne den wassergekühlten Kondensator. In der Mitte sieht man das Doppel-Lüfter-Aggregat mit Motor und die automatische Regelvorrichtung. Oben, wo die Luft ausgestoßen wird, liegt der Verdampfer, die Befeuchtungseinrichtung und die elektrische Heizeinrichtung. Die Luft wird ebenfalls oben eingesaugt und zum Teil durch einen Stutzen von hinten, der mittels einer Klappe mehr oder weniger verschlossen werden kann. Die Luft durchströmt ein Filter, das sich leicht herausnehmen läßt. In sehr großen Räumen z. B. Konferenzzimmern oder ähnlichen stellt man unter Umständen auch zwei solcher Geräte auf, um eine möglichst gleichmäßige Verteilung der gekühlten Luft im Raume zu bekommen.

Die Steuerung dieser Klimageräte kann selbstverständlich mehr oder weniger automatisiert werden. Die Kältemaschine kann durch einen Thermostat wie bei einem Kühlschrank in Abhängigkeit von der Raumtemperatur selbsttätig ein- und ausgeschaltet werden. Bei größeren Maschinen kann man auch die Luftfeuchtigkeit regeln und zwar dadurch, daß man den Verdampfer unterteilt und eine mehr oder weniger große Fläche des Verdampfers abschaltet. Eine solche Regelung der Luftfeuchtigkeit ist jedoch, wie oben bereits erwähnt, für die Klimatisierung von Wohnräumen nicht notwendig. Das Verhältnis von Frischluft zu Umluft regelt man am besten von Hand, es richtet sich danach, wieviel Menschen in dem Raume sind, ob geraucht wird oder Essensdünste vorhanden sind usw.

In Amerika haben sich neuerdings größere Klimageräte eingeführt, die im Keller aufgestellt werden und ein Einfamilienhaus wie bei einer Zentralheizung vollständig gleichmäßig kühlen und heizen. Die Verteilung der Luft wird dabei durch Luftschächte vorgenommen, die im ganzen Haus verteilt sind und zu jedem Zimmer eine Luftzu- und Abführung haben. Im Winter wird die normale Zentralheizung mit diesem Klimagerät gekoppelt, so daß die Heizung im Winter über dieselben Luftkanüle vorgenommen wird, wie die Kühlung im Sommer. Die neueste Einrichtung besteht darin, daß dieselbe Kältemaschine, die im Sommer das Haus kühlt, im Winter umgekehrt geschaltet wird und die Räume heizt. Damit kommen wir zu der sog. Wärmepumpe, über die im nächsten Kapitel näher gesprochen werden soll.

Bei den klimatischen Verhältnissen in Deutschland würde vielfach auch die Kühlung durch fließendes Leitungswasser genügen; man könnte also die Kältemaschine, die der teuerste Teil eines solchen Klimagerätes ist, ersparen und die Raumluft an Kühlschlangen vorbeiblasen, die durch Leitungswasser gekühlt werden. Aber das Leitungswasser ist heute schon knapp und es steht gerade im Hochsommer oft nicht in genügender Menge zur Verfügung, also gerade dann, wenn man es besonders dringend brauchen würde. Vielfach ist das Wasser auch zu warm, so daß die Kälteleistung ungenügend wäre. Die Hauptsache aber ist, daß die Betriebskosten wesentlich höher liegen, als bei elektrischer Kühlung. Wird ein solches Klimagerät nachträglich in eine bestehende Wohnung eingebaut, so ist die Verlegung der Zu- und Abflußwasserleitung unangenehm. Aus all diesen Gründen wird sich die Kühlung durch Leitungswasser kaum durchsetzen; man wird es vorziehen, mit einer Kältemaschine zu arbeiten.

XVIII. Wärmepumpen

Auf Seite 8 wurde die Wirkung der Kältemaschine etwa so erklärt: Die mit Hilfe des Verdampfers aus dem Kühlraum herausgeholte Wärme wird auf ein höheres Temperatur-Niveau gepumpt und dann über den Kondensator wegbefördert. Man kann also eine Kältemaschine auch als Wärmepumpe bezeichnen, weil sie eine bestimmte Wärmemenge von einem niedrigen Temperatur-Niveau auf ein höheres Niveau fördert.

Es liegt nun nahe, die vom Kondensator abgeführte Wärmemenge praktisch auszunutzen, beispielsweise für Raumheizung oder Wassererwärmung. Erst wenn man auf diese Weise die Abwärme bewußt ausnutzt, bezeichnet man eine Kältemaschine im engeren Sinne als Wärmepumpe.

Wir wollen zunächst die theoretischen Grundlagen betrachten und uns in das Gedächtnis zurückrufen, was auf Seite 4 oben gesagt wurde. Man kann bei einer Dampfturbine oder bei irgend einer anderen Wärmekraftmaschine niemals, auch theoretisch nicht, die gesamte Wärmeenergie in mechanische Energie umwandeln; ein Teil der Wärme muß immer wieder als Abwärme abgeführt werden. Im Schema auf Abb. 46 sieht das folgendermaßen aus: Die Wärme, die bei hoher Temperatur T_1 zugeführt wird, wird teilweise in mechanische Arbeit umgesetzt, ein größerer Teil jedoch als Wärme bei niederer Temperatur T_2 wieder abgeführt. Der Teil, der höchstens in mechanische Energie umgewandelt werden kann, beträgt nun nach den Gesetzen der Physik $\frac{T_1 - T_2}{T_1}$ von der Gesamtenergie.

T ist die sog. absolute Temperatur, die sich ergibt, wenn man zu der normalen Temperatur in Grad C 273° hinzufügt.

Ein Beispiel möge dies veranschaulichen: In eine Dampfmaschine werde der Dampf bei 240° eingeführt und bei 40° C wieder abgeführt d. h. bis auf 40° C wieder entspannt. Dann ist der höchst mögliche Ausnutzungsfaktor nach der obigen Formel:

$$\frac{513 - 313}{513} = 0{,}39.$$

Das bedeutet im Hinblick auf Abb. 46: von 1000 kcal zugeführter Wärme werden maximal 390 kcal in mechanische Arbeit umgewandelt und 610 kcal als Abwärme bei $+40°$ C abgeführt. Den Faktor $\frac{T_1 - T_2}{T_1}$ nennt man auch den thermischen Wirkungsgrad. Er ist stets kleiner als 1. Die hierdurch beschränkte Umwandlungsfähigkeit von Wärme in mechanische Energie bildet den Inhalt des 2. Hauptsatzes der Thermodynamik.

Bei der *Kälteerzeugung* handelt es sich um den umgekehrten Vorgang. Es wird dabei mechanische Energie aufgewendet, um Wärme bei einer tieferen Temperatur aufzunehmen und bei höherer Temperatur wieder abzugeben. In Abb. 47 sieht man das entsprechende Schema für die Kältemaschine. Es braucht nur ein kleinerer Betrag an mechanischer Arbeit zugeführt zu werden, als bei höherer Temperatur an Wärme abgeführt wird, weil eben noch die Wärme hinzukommt, die bei tiefer Temperatur aufgenommen wird. Nach dem 2. Hauptsatz der Thermodynamik ist das Ver-

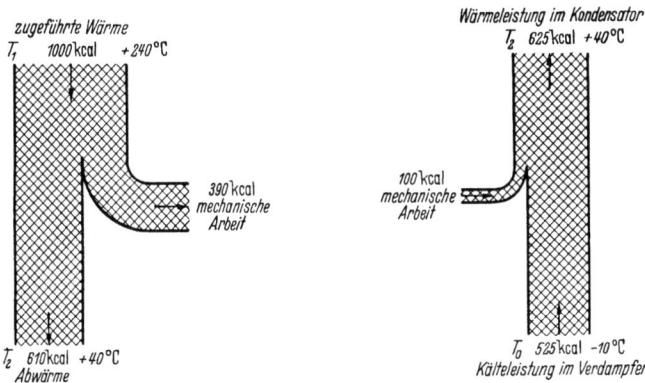

Abb. 46. Wärmebilanz bei einer Wärmekraftmaschine (Schema mit Zahlenbeispiel)

Abb. 47. Wärmebilanz einer Kältemaschine (Schema mit Zahlenbeispiel)

hältnis der bei hoher Temperatur abgeführten Wärme zur zugeführten Arbeit $= \dfrac{T_2}{T_2 - T_0}$, wobei T_2 die Kondensatortemperatur und T_0 die Verdampfertemperatur ist. Dieses Verhältnis ist stets größer als 1, d. h. man kann mit 1 KWh zugeführter elektrischer Energie in diesem Falle mehr als 860 kcal Wärme abführen. Ein Beispiel möge dies veranschaulichen: Die Verdampfertemperatur sei $-10°$ C $= 263°$ absolut, die Kondensatortemperatur $+40°$ C $= 313°$ absolut. Der Leistungsfaktor wird damit $\dfrac{313°}{313° - 263°} = 6.16$ d. h. es wird im Kondensator 6mal so viel Wärme abgegeben, als an mechanischer oder elektrischer Wärme zugeführt wird. Man kann auch sagen: Mit 100 kcal zugeführter mechanischer Energie kann man 526 kcal Wärme von $-10°$ auf $+40°$ C hochheben und insgesamt also im Kondensator 626 kcal abführen. Bei der praktischen Ausführung liegt dieses Verhältnis natürlich ganz wesentlich tiefer.

Wie man aus dieser Formel sieht, ist das Verhältnis, also die mit einer bestimmten Arbeit hochgepumpte Wärme um so höher, je geringer die Temperaturdifferenz zwischen tiefer und hoher Temperatur d. h. also zwischen Kondensator und Verdampfer ist. Hieraus ersieht man erstens, daß man mit einer Wärmepumpe nur dann ein wirklich gutes Wärmeverhältnis erzielt, wenn die gewünschte Temperatur relativ niedrig liegt, beispielsweise um einen Raum zu erwärmen oder um Wasser auf Spültemperatur zu bringen und zweitens wenn die Verdampfungstemperatur ziemlich hoch, d. h. die Wärmequelle tiefer Temperatur möglichst über 0° liegt. Dann kann man in der Praxis unter Abzug aller Verluste ein effektives Wärmeverhältnis von 2—3 herausholen d. h. mit 1 KWh bis zu 2500 kcal Wärme (3 × 860) bereitstellen, bei extrem günstigen Werten sogar noch etwas mehr. Wird die Wärme aber bei höherer Temperatur gewünscht, oder liegt die Verdampfungstemperatur wesentlich unter 0° C, so sinkt das Verhältnis sehr schnell unter 2, so daß sich der hohe Aufwand für eine Wärmepunpe meist nicht mehr lohnt.

Wir wollen zunächst einmal den Fall betrachten, daß die Wärmeerzeugung der einzige Zweck der Wärmepumpe sei, besp. um Wasser für Haushaltzwecke warm zu machen und zu speichern, (spülen, baden usw.) oder auch um Wohnräume zu heizen. Eine Wärmepumpe (gleich Kältemaschine) für 1000 oder gar 3000 kcal/h kostet etwa 1500,— bis DM 3000,—. Demgegenüber liegt der Preis für eine elektrische Heizpatrone gleicher Heizleistung vielleicht bei DM 15,— bis DM 30,—. Für die Wirtschaftlichkeitsberechnung muß man naturgemäß Verzinsung, Amortisation und einen entsprechenden Betrag für Unterhaltung und Reparaturen einsetzen. Man wird dann sehr schnell finden, daß die Energieersparnis im laufenden Betrieb die fast 100fachen Anschaffungskosten niemals ausgleichen kann. Ebenfalls ungünstig liegen die Verhältnisse, wenn man mit einer Wärmepumpe ein Wohnhaus heizen will und im Vergleich dazu die Anschaffungskosten einer normalen Zentralheizung untersucht. Auch hier liegen die Anschaffungskosten so erheblich höher, daß eine Wirtschaftlichkeit nicht gegeben ist; es sei denn, der elektrische Strom sei außerordentlich billig und die Kohle außerordentlich teuer oder gar nicht zu haben. Aus dieser Überlegung folgt, daß eine Wärmepumpe nur für die Erzeugung von Wärme allein nicht wirtschaftlich ist.

Anders werden die Verhältnisse, wenn man die Kühlung ebenfalls ausnutzen kann. Eine Kühlung ist nur mit einer Kältemaschine möglich. Wer sich also die Annehmlichkeiten einer Kühlung leisten will und dafür die Anschaffungskosten aufwendet, der hat gewissermaßen die Wärmewirkung umsonst, — allerdings nur mit gewissen Einschränkungen. Bei normalen Verhältnissen d. h. in unserem mitteleuropäischen Klima liegen die Raumtemperaturen in der Wohnung überwiegend in der Größenordnung von 20° C. Die Kondensatorwärme wird infolgedessen bei etwa 30° bis 35° C abgeführt. Das ist für Wärmeerzeugung oder Raumheizung zu wenig. Man muß also mit der Kondensatortemperatur auf etwa 50°—60° C heraufgehen. Damit läßt die Leistung der Kältemaschinen bereits erheblich nach und man muß im allgemeinen dann schon das nächstgrößere Modell wählen, hat also eine gewisse Verteuerung in Kauf zu nehmen. Aber diese Mehrkosten sollen einmal im Augenblick vernachlässigt werden. Viel schwieriger zu lösen ist das Problem, wie der Kältebedarf und der Wärmebedarf einigermaßen in Übereinstimmung gebracht werden können. Wir wollen einige praktische Anwendungsfälle betrachten.

Ein größerer Haushaltkühlschrank braucht etwa an elektrischem Strom 1 KWh/Tag; das ergibt im Kondensator eine Wärmeabfuhr von etwa 800 bis 1000 kcal/Tag. Für die unmittelbare Erzeugung einer solchen Wärmemenge im Heißwasserspeicher wäre 1 KWh notwendig. Die Energieersparnis würde also bei den üblichen Haushalttarifen etwa 10 bis 12 Pfennig pro Tag oder DM 3.50 im Monat betragen. Für diese Energieersparnis müßte man aber erhebliche Nachteile in Kauf nehmen. Der Kondensator muß in den Speicher eingebaut werden und kann infolgedessen nicht wie sonst üblich aus Eisen gemacht, sondern muß aus Kupfer hergestellt werden. Man kann den Speicher nicht mehr dort aufhängen, wo er besonders praktisch hängt, sondern muß ihn baulich eng mit dem Kühlschrank vereinen. Die Freizügigkeit in der Aufhängung des Speichers geht also damit verloren. Evtl. Reparaturen werden durch den komplizierten Einbau sehr erschwert. Dazu kommt, daß der Kältebedarf und der Wärmebedarf im Haushalt nicht übereinstimmen. Wird einmal längere Zeit kein Warmwasser aus dem Speicher entnommen, so wird der Inhalt zu warm und damit Kondensatortemperatur und -Druck zu hoch. Man muß also eine Sicherheitseinrichtung schaffen, die in solchen Fällen die Kältemaschine abschaltet oder andere Maßnahmen treffen. Kurzum es gibt so viele Komplikationen, daß sich die geringe Energieersparnis nicht lohnt. Für diesen Zweck bringt also die Wärmepumpe keinen Vorteil.

Anders sieht es dagegen im gewerblichen Betriebe aus. Braucht ein Gewerbebetrieb, z. B. eine Fleischerei, eine größere Kälteanlage mit einer Leistung von einigen 1000 kcal/h, so werden im Kondensator ganz erhebliche Wärmemengen verfügbar, die für einen Warmwasserspeicher schon recht beträchtlich sind. Da in solchen

Betrieben auch stets große Mengen Warmwasser gebraucht werden, so lassen sich bei einer mittleren Kälteanlage, die als Wärmepumpe geschaltet wird, immerhin 10 oder mehr KWh Strom pro Tag einsparen. Die Mehrkosten der Einrichtung sind demgegenüber verhältnismäßig gering.

Eine weitere mögliche Anwendung ist im Bauernhof zu finden, wenn dieser Bauernhof sich z. B. eine Milchkühlanlage anschafft.

Abb. 48
Milchkühlanlage als Wärmepumpe arbeitend mit Warmwasserspeicher (Linde)

Für solche Milchkühlanlagen sind ebenfalls ziemlich hohe Kälteleistungen erforderlich und die Verbindung mit einer Warmwassererzeugung ist sehr glücklich, weil zum Säubern der Milchkannen u. ä. stets größere Mengen heißes Wasser gebraucht werden. Abb. 48 zeigt eine Milchkühlanlage, die von einer Wärmepumpe versorgt wird. Der Kondensator ist in dem Warmwasserspeicher untergebracht und bringt das Wasser auf eine Temperatur von etwa 50° C. Da diese Temperatur meist nicht ausreichend ist, kann man natürlich das Wasser noch zusätzlich elektrisch auf eine höhere

Temperatur aufheizen. Eine solche Zusatzheizung wird fast immer mit einer solchen Anlage verbunden.

Bei der Untersuchung der Wirtschaftlichkeit solcher Anlagen wird man stets finden, daß sie nur dann gegeben ist wenn man die Anlage nach den Bedürfnissen der Kälteerzeugung dimensioniert, d. h. wenn man sie in Rücksicht auf die gewünschte Wärmeerzeugung nicht wesentlich überdimensioniert, damit die Anschaffungskosten durch die Ausnutzung der Wärme nicht wesentlich steigen. Die Anwendung der Wärmepumpe für solche Zwecke wird vorläufig auf Sonderfälle beschränkt bleiben, und es ist zunächst wenig Aussicht, daß sie sich in breitem Umfange durchsetzen wird.

Eine weitere sehr interessante Anwendungsmöglichkeit der Wärmepumpe liegt bei der Raumheizung vor. Das im vorigen Kapitel beschriebene Fensterklimagerät könnte man in der sog. Übergangszeit umschalten und als Wärmepumpe laufen lassen, d. h. innen im Raum würde dann der Kondensator liegen und außen der Verdampfer. Man braucht also nur eine verhältnismäßig billige Einrichtung, die Verdampfer und Kondensator umschaltet. Die erzeugte Wärmemenge reicht natürlich nur für die Übergangszeit aus, wo der Wärmebedarf noch gering ist und andererseits die Temperatur des außenliegenden Verdampfers noch nicht allzu tief liegt. Das Anwendungsgebiet liegt überall dort, wo man heute die Übergangsheizung mit normalen elektrischen Heizkörpern vornimmt, die nur stundenweise eingeschaltet werden. Die Anschaffungskosten brauchen bei der Wirtschaftlichkeitsbetrachtung deshalb nicht berücksichtigt zu werden, weil das Gerät wegen der Annehmlichkeit der Kühlung im Sommer angeschafft wird. Man hat dann gewissermaßen die Heizwirkung in der Übergangszeit ohne zusätzliche Anschaffungskosten. Ein kleines Fensterklimagerät, das 1500 kcal/h Kälte leistet, ergibt bei Umschaltung etwa 2000 kcal/h Wärme d. h. soviel wie ein elektrischer Heizkörper von 2500 Watt. Der Aufwand für den Betrieb der Wärmepumpe liegt aber nur etwa bei 800 Watt, d. h. eine solche Zusatzheizung ist dann durchaus wirtschaftlich.

Man kann natürlich auch die im vorigen Kapitel beschriebenen großen Klimageräte, die im Keller aufgestellt ein ganzes Haus versorgen, in der Übergangszeit als Wärmepumpe arbeiten lassen. Sobald die Außentemperaturen aber tiefer werden, reicht die Leihstung nicht mehr aus, weil der Verdampfer seine Wärme von der kalten Außenluft beziehen muß und bei der hohen Temperaturdifferenz die Wärme- und Kälteleistung zu klein wird. Man könnte zwar theoretisch die Wärme auch aus einem Brunnen oder Grundwasser beziehen, das wärmer ist als die Außenluft; aber in der

Praxis ergibt das bei einem Privathaus viel zu große Komplikationen. Man kann auch sagen: bei kaltem Wetter wird der Wärmebedarf größer, die Wärmeleistung der Maschine aber kleiner, so daß bei mitteleuropäischen Klimaverhältnissen nur eine Heizung in der Übergangszeit möglich ist. Anders ist es dagegen in subtropischen Gebieten, wo die Außentemperatur auch im Winter praktisch nicht unter 0° fällt. Dazu kommt, daß die Kälteleistung einer solchen Maschine in subtropischen Gebieten in Rücksicht auf die Sommerzeit höher sein muß als bei uns, weil dort die Temperaturen extrem hochgehen. Die Erfahrung zeigt, daß man mit ein und derselben Maschine bei Schaltung auf Heizung eine doppelt so hohe Temperaturdifferenz erzielt, wie bei Schaltung auf Kühlung, z. B. bei Heizung 20° Temperaturdifferenz und bei Kühlung 10° Temperaturdifferenz. Der Grund hierfür liegt in folgendem: Die Wärmeleistung einer Kältemaschine ist etwa $1/3$ höher, als ihre Kühlleistung (weil die aufgewendete elektrische Energie dazukommt). Zweitens ist die Sonnenstrahlung und die von den Menschen abgegebene Wärme bei Heizungsbetrieb positiv einzusetzen, d. h. sie unterstützt die Heizung des Raumes; bei Kühlung muß sie abgezogen werden, weil sie der Kühlung entgegenwirkt. Außerdem braucht man bei der Kühlung noch 20 bis 40% der Leistung für die Entfeuchtung der Luft.

In subtropischen Gebieten passen also diese Eigenschaften der Wärmepumpe außerordentlich gut zusammen. Mit derselben Maschine, mit der man im Sommer die Wohnung um 10° kühlt, kann man sie im Winter um 20° heizen. Die Anschaffungskosten sind zwar ziemlich hoch, werden aber in Rücksicht auf die Annehmlichkeit der Kühlung im Sommer aufgewendet, besonders dort, wo wie in USA der Lebensstandard hoch liegt. Es ist klar, daß man den Betrieb einer solchen Anlage mit verhältnismäßig geringem Aufwand voll automatisieren kann, so daß sich ein besonders bequemer Betrieb ergibt. Man kann auf diese Weise das Haus ohne Schornstein verwirklichen, das ohne Rauch, Ruß und Schmutz im Sommer und Winter voll elektrisch klimatisiert wird. Der Vorteil ist, daß die Betriebskosten im Winter nur etwa $1/3$ so hoch sind, wie bei reiner elektrischer Heizung oder etwa ebenso hoch, wie bei Zentralheizung mit Koks oder Öl.

Für unsere Breiten ist eine Vollheizung auf diese Weise praktisch nicht möglich. Wir müssen im Winter eine Temperaturdifferenz von 35°C überbrücken, benötigen dagegen im Sommer nur eine Kühlung von 5° bis 7°. Das paßt für eine Wärmepumpe nicht zusammen.

Eine sehr elegante Anwendung der Wärmepumpe ist noch auf einem anderen Gebiet möglich, nämlich bei der Trocknung feuchter

Keller- und Lagerräume. Dort genügt eine normale Kältemaschine, die mitten im Raume aufgestellt werden kann. Sowohl der Verdampfer wie der Kondensator werden von einem Ventilator angeblasen. Der Verdampfer zieht die Raumluft an sich vorbei, kühlt sie ab und entfeuchtet sie. (Die Verdampferoberfläche muß groß sein, damit sie nicht unter 0° C kommt.) Das kondensierte Wasser tropft ab und wird weggeleitet. Die absolute Luftfeuchtigkeit sinkt also damit ab. Durch den Kondensator wird mehr Wärme in den Raum hineingebracht, als Kälte geleistet wird. Die Luft wird also letzten Endes nicht abgekühlt, sondern erwärmt. Erwärmung in der Luft bedeutet aber bekanntlich ein Absinken der relativen Luftfeuchtigkeit. Die Trocknung der Luft erfolgt also hier auf doppelte Weise, indem man

Abb. 49. Kältemaschine (Wärmepumpe) als Entfeuchter (Frigidaire)

sowohl die Kühlwirkung als auch die Wärmeleistung der Kältemaschine ausnutzt. Es handelt sich hier um eine sehr glückliche Ausnutzung der in völliger Übereinstimmung befindlichen Wärme- und Kälteleistung. Eine Ausführung eines solchen Entfeuchters sieht man in Abb. 49.

In der Industrie gibt es selbstverständlich noch weitere Anwendungsmöglichkeiten der Wärmepumpe z. B. zur Trocknung von Gütern aller Art, zum Eindicken von Flüssigkeiten, zur Reifung von Bananen usw. Diese Anwendungsmöglichkeiten können in diesem Rahmen nicht besprochen werden.

Zusammenfassend kann gesagt werden, daß die Wärmepumpe, d. h. die praktische Ausnutzung der Kondensationswärme nur dort in Frage kommt, wo die Maschine des Kühleffektes wegen sowieso angeschafft wird und damit bei der Wirtschaftlichkeitserrechnung der Wärmeverwertung gar nicht oder nur zu einem kleinen Teil einbezogen zu werden braucht. Sie kommt ferner nur dort in Frage, wo der Kälte- und Wärmebedarf größenordnungsmäßig übereinstimmen und wo die Freizügigkeit in der Anwendung beider Vorgänge nicht erheblich beeinträchtigt wird. Technisch gesehen ist die Wärmepumpe sehr interessant und verlockend, aber vorläufig nur in besonderen Fällen wirtschaftlich lohnend.

F. Gewerbliche Klein-Kälteanlagen

XIX. Klein-Kältemaschinen

Die Kleinkältemaschinen sind im Prinzip die gleichen, wie die Maschinen in den Haushaltkühlschränken. Der größte Teil von ihnen arbeitet ebenfalls luftgekühlt und zwar bis zu Leistungen von 3000 kcal/h und mehr. Die größeren Maschinen führt man meist wassergekühlt aus.

Im folgenden sollen einige Kältemaschinen näher beschrieben werden. Aus der großen Zahl der auf dem Markt befindlichen Fabrikate können jedoch nur einige herausgegriffen werden; sie sollen lediglich am Beispiel zeigen, welche Lösungen möglich sind.

Die größeren Kühlaggregate arbeiten mit einem Zweizylinderkompressor. Abb. 50 zeigt einen Schnitt durch einen solchen Kompressor. Die Bauart ist ganz ähnlich wie bei einem Automobilmotor. Als Kältemittel wird Chlormethyl oder Frigen verwendet; das Schmieröl wird durch einen besonderen Ölabscheider vom Kondensator und Verdampfer ferngehalten.

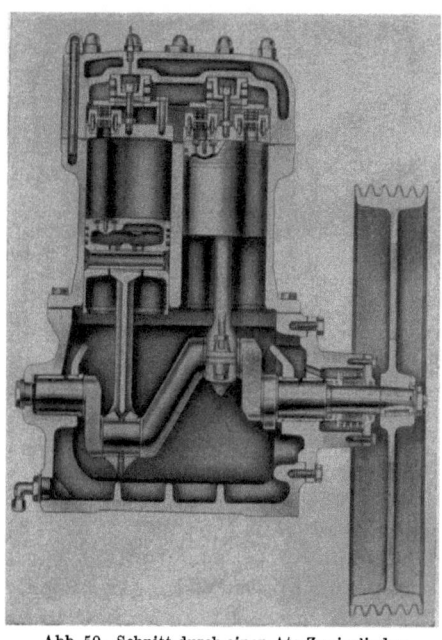

Abb. 50. Schnitt durch einen Ate-Zweizylinder-Kompressor

Ein „Linde"-Kühlaggregat zeigt Abb. 51. Verwendet wird eine Mehrzylindermaschine mit Chlormethyl oder Frigen als Kältemittel. Der Kompressor ist unmittelbar mit dem Motor gekuppelt, also ein Schnelläufer in Mehrzylinder-Bauart.

Eine ebenfalls gedrängte Bauart zeigt das „Kälte Richter" Aggregat Abb. 52. Die Differential-Stopfbuchse steht ständig unter Öldruck. Das Öl wird von einer besonderen Pumpe gefördert.

Ein gekapseltes Aggregat für gewerbliche Zwecke zeigt Abb. 53 im Schnitt. Die Haube über dem Motor wird allerdings nicht mit

Klein-Kältemaschinen 81

dem Unterteil verschweißt, sondern verschraubt. (in Abb. 51 u. 52 ebenfalls). Man kann daher evtl. Reparaturen an Ort und Stelle vornehmen und hat trotzdem den Vorteil einer sehr gedrängten Bauart und des Fortfalls der Stopfbuchse. Man nennt diese Ausführung auch „halbhermetisch".

Als *Kondensator* wird bei den größeren Kältemaschinen für die wassergekühlten Aggregate meist ein Gegenstromkondensator vorgesehen, der aus zwei ineinander gesteckten Rohrschlangen besteht.

Bei der Ausbildung der *Verdampfer* findet man, bedingt durch die verschiedenartigen Kühlbedingungen in gewerblichen Betrieben zahlreiche verschiedene Bauarten. Man muß dabei zunächst grundsätzlich unterteilen in direkte und indirekte Kühlung. Bei der direkten Kühlung liegen die Verdampferrohre unmittelbar im Kühlraum; bei der indirekten Kühlung wird eine Soleflüssigkeit gekühlt und die Sole ihrerseits kühlt die betreffenden Räume.

Unter Sole versteht man eine Salzlösung, die

Abb. 51. Linde Multifrigor Aggregat, luftgekühlt

Abb. 52 Schnellaufendes Kühlaggregat für gewerbliche Zwecke, wassergekühlt (Kälte-Richter)

je nach der Konzentration bis —30° C und tiefer flüssig bleibt.

Beide Ausführungen haben ihre Vor- und Nachteile. Bei der Solekühlung ist man weitgehend unabhängig bei der Aufstellung der Maschine. Man kann von einem großen Soleverdampfer aus beliebig viel Kühlstellen versorgen und auch durch Abdrosselung der betreffenden Zweigleitung in den verschiedenen Kühlräumen verschieden tiefe Temperaturen erzielen. Die solegekühlten Anlagen sind absolut gefahrlos, da bei Undichtwerden eines Rohres nur Sole, aber niemals Kältemittel austreten kann. Außerdem gestattet die Sole eine Kältespeicherung. Diesem Vorteil stehen jedoch auch erhebliche Nachteile gegenüber. Die Sole muß durch eine Pumpe, die zusätzliche Energie verzehrt, umgewälzt werden. Das Wärmeäquivalent der Pumpenarbeit bewirkt eine Erwärmung der Sole und damit entsprechende Kälteverluste. Durch die doppelte Übertragung zwischen Verdampfer und Sole einerseits und Sole und Kühlraum andererseits wird die Temperaturdifferenz zwischen Verdampfer und Kühlraum erheblich höher. Die Verdampfertemperatur muß also niedriger liegen, und damit arbeitet die Kältemaschine mit geringerem Wirkungsgrad. Die Auswahl der direkten oder indirekten Kühlung hängt im wesentlichen von der gestellten Aufgabe ab; wo es geht, wählt man heute die direkte Verdampfung.

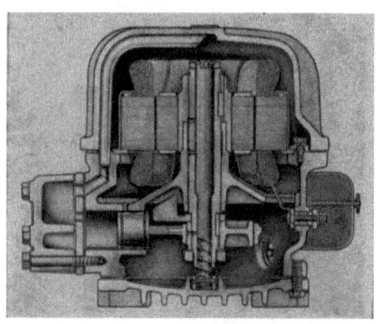

Abb. 53. Gekapselte Motorkompressor-Einheit für gewerbliche Kühlzwecke (Ate)

Abb. 54. Hochleistungsverdampfer (Frigidaire)

Für die Ausbildung der Verdampfer ist maßgebend die Forderung nach einer guten und schnellen Wärmeübertragung. Daher ist der „überflutete" Verdampfer, der mit Hilfe eines Schwimmerventils gesteuert wird, im Vorteil. Die siedende Flüssigkeit, die die ganze Wandung benetzt, bewirkt eine außerordentlich gute Wärmeübertragung.

Bei einer gegebenen Oberfläche ist die pro Stunde übertragene Kälteleistung um so größer, je größer die Differenz zwischen Oberfläche und Kühlraumluft ist. Man wünscht jedoch im allgemeinen keine allzu große Temperaturdifferenz; denn

1. arbeitet man heute mit verhältnismäßig hoher Luftfeuchtigkeit (je nach Temperatur und Kühlgut zwischen 75 und 90%) und
2. ist bei einer großen Temperaturdifferenz eine starke Vereisung des Verdampfers sehr nachteilig. Auch der Wirkungsgrad der Kältemaschine liegt bei tiefer Temperatur bekanntlich niedriger.

All das spricht dafür, daß man Verdampfer mit sehr großer Oberfläche und verhältnismäßig geringer Temperaturdifferenz ausführt (Abb. 54). Um besonders hohe Wärmeübertragung zu erzielen, ordnet man vielfach auch hinter dem Verdampfer einen Ventilator an, der die Kühlluft mit großer Geschwindigkeit an den Verdampferrippen vorbeibläst (s. Abb. 63). Auf diese Weise läßt sich auf verhältnismäßig kleinem Raum eine große Kälteleistung unterbringen. Beide Arten von Verdampfern sind heute unter der Bezeichnung „Hochleistungs-Verdampfer" in zahlreichen Ausführungen auf dem Markt.

Trotz der oben erwähnten Vorzüge des überfluteten Verdampfers wendet man heute überwiegend die sog. „trockenen" Verdampfer an, bei denen durch ein Expansionsventil flüssiges Kältemittel eingespritzt wird. Es soll jeweils soviel flüssiges Kältemittel eingespritzt werden, daß die Wandungen des Verdampfers flüssigkeitsbenetzt sind. Auf diese Weise wird ebenfalls ein verhältnismäßig guter Wärmeübergang erzielt. Der Vorteil des Trockenverdampfers ist der, daß man in der Ausbildung und Führung der Rohrschlagen freier ist. Die Abb. 54 stellt einen solchen trockenen Verdampfer dar. Mit dem gewöhnlichen Expansionsventil, wie es auf S. 22 beschrieben ist, würden solche Trockenverdampfer jedoch teilweise unwirtschaftlich arbeiten. Diese Expansionsventile halten bekanntlich einen konstanten Verdampferdruck. Ist zu Beginn der Laufzeit der Verdampfer noch ziemlich warm, so wird das eingespritzte, flüssige Kältemittel zu schnell verdampft. Der letzte Teil der Rohrschlangen bekommt dann kein flüssiges Kältemittel mehr, ist also unwirksam; der Verdampfer bekommt zu wenig Kältemittel und ist somit schlecht ausgenutzt. Umgekehrt kann es vorkommen, daß bei verhältnismäßig tiefer Verdampfertemperatur das Kältemittel nicht voll verdampft werden kann. Am Ende des Verdampfers ist dann noch flüssiges Kältemittel vorhanden, das unausgenutzt in den Kompressor zurückgesaugt wird, dort u. U. Flüssigkeitsschläge bewirkt, auf jeden Fall aber den Wirkungsgrad herabmindert.

Dieser Nachteil ist durch das sog. thermostatische Expansionsventil vermieden. Dieses besteht aus zwei Metallmembranen, die beide über eine gemeinsame Achse die Ventilöffnung steuern (Abb. 55). Dabei steht die untere Membran *1*, wie auch beim gewöhnlichen Expansionsventil, unter Verdampferdruck. Die obere Membran *2* jedoch ist über ein dünnes Rohr mit einem Temperaturfühler *4* verbunden, der mit einer kleinen Menge Kältemittel gefüllt ist (wie bei einem Thermostaten). Dieser Temperaturfühler sitzt am Ende des Verdampfers bzw. an der Saugleitung, und zwar möglichst gut wärmeleitend verbunden. Bekommt nun der Verdampfer zu wenig Kältemittel, so sind die am Ende des Verdampfers austretenden Kältemitteldämpfe verhältnismäßig warm. Der Druck in dem Temperaturfühler und damit in der Membran *2* steigt an und auf diese Weise wird die gemeinsame Achse *3* durch den Druck der oberen Membran *2* stärker nach unten gedrückt. Die Ventilöffnung öffnet sich weiter und läßt mehr Kältemittel durch. Tritt umgekehrt zu viel Kältemittel in den Verdampfer ein, so wird die Saugleitung übermäßig kalt, der Druck sinkt und die Membran *2* zieht sich stark zusammen. Die Ventilöffnung wird also weiter geschlossen, als die untere Membran *1* allein bewirken würde. Auf diese Weise wird automatisch die eingespritzte Kältemittelmenge nach den Erfordernissen dosiert. Der Verdampfer arbeitet stets mit seinem günstigsten Wirkungsgrad. Diese thermostatischen Expansionsventile erreichen damit bei „trockenen" Verdampfern ein ebenso günstiges Arbeiten wie die Schwimmerventile beim „überfluteten Verdampfer".

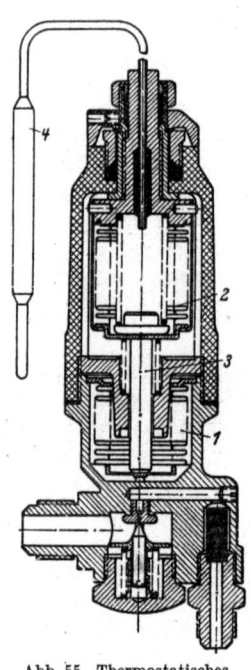

Abb. 55. Thermostatisches Expansionsventil (Concordia)

Für den Einbau des Verdampfers im Kühlraum gibt es grundsätzlich zwei Wege, einmal oben unter der Mitte der Decke und das andere Mal seitlich. Die abgekühlte Luft sinkt bekanntlich infolge ihrer Schwere nach unten und steigt rechts und links wieder hoch. Man ordnet dann unter dem Verdampfer zwei Schrägflächen an, die einerseits das Tropfwasser auffangen, andererseits die Kaltluft rechts und links ableiten. Ist die Mitte des Kühlraumes stark mit Lebensmitteln belegt, so entsteht infolge der Wärmeabgabe an dieser Stelle ein aufwärts gerichteter Luftstrom, der u. U. den Kaltluftstrom abbremst. Der Luftumlauf wird dann unregelmäßig und ungenügend. In solchen Fällen ist es zweckmäßiger, den Verdampfer an der Seite anzuordnen (Abb. 56). Günstig ist es dabei, neben dem seitlichen Verdampfer eine längere Trennwand anzuordnen. Man bekommt dadurch eine ziemlich hohe Säule kalter Luft, die nach Art der Schornsteinwirkung einen sehr kräftigen

Abb. 56. Verdampfer seitlich angeordnet

Luftumlauf zustandebringt. Je nach den vorliegenden Verhältnissen wird man die eine oder andere Verdampferart und die eine oder andere Anordnung bevorzugen.

Wie bereits erwähnt, ist das Vereisen des Verdampfers besonders unangenehm. Da die Luftfeuchtigkeit sich jedoch am Verdampfer niederschlagen muß, ist der Kampf gegen die Vereisung sehr schwierig. Bei Kühlräumen, die nur eine Temperatur von $+4$ bis $+6°$ C benötigen, kann man durch die Wahl großer Verdampferoberflächen die Vereisung gering halten. Bei Kühlräumen mit niedrigen Temperaturen dagegen versagt dieses Mittel. Ein Abstellen der Kühlanlage und Abtauenlassen ist stets mit einer Temperaturerhöhung verbunden, die im Interesse der langen Haltbarkeit des Kühlgutes meist nicht erwünscht ist. Zweckmäßig hilft man sich dann so, daß man bei abgestellter Kühlanlage einen Ventilator über die Verdampferschlange blasen läßt. Das Abtauen geht dann sehr schnell vor sich und die Kältemaschine kann nach kurzer Zeit wieder in Betrieb genommen werden.

Eine interessante Schaltung dieser Art zeigt die Abb. 57. Der Ventilator wird hier unabhängig von der Kältemaschine gesteuert durch einen Abtauthermostaten am Verdampfer. Der Kühlraumthermostat schaltet die Kältemaschine allein ein. Da die Luftumwälzung fehlt, sinkt die Temperatur der Kühlrohre schnell ab. Bei —2 oder 3° schaltet der Abtauthermostat den Ventilator ein. Dieser läuft jetzt mit der Kältemaschine zusammen, bleibt aber auch noch in Betrieb, wenn der Raumthermostat die Kältemaschine stillgesetzt

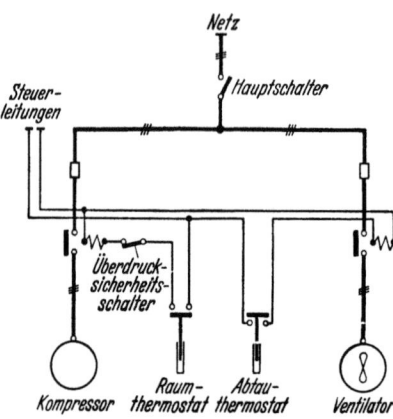

Abb. 57. Abtauschaltung für Verdampfer und Ventilator (Metzenauer und Jung)

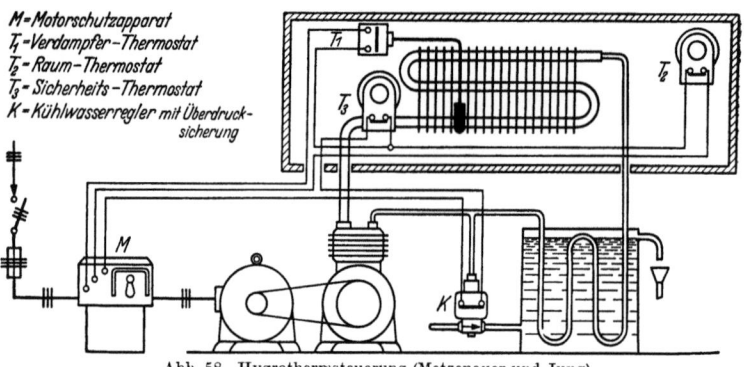

Abb. 58. Hygrothermsteuerung (Metzenauer und Jung)

hat. Der Abtauthermostat schaltet den Ventilator erst ab, wenn die Systemtemperatur auf +1 oder +2° gestiegen ist. Der Lüfter wird also später eingeschaltet als die Kältemaschine und ebenso später abgeschaltet. Der Thermostat wird deshalb vielfach als Nachlaufschalter bezeichnet.

Eine andere Schaltung hat die Aufgabe, den Feuchtigkeitsgrad im Kühlraum möglichst genau einzuhalten und zu beherrschen. Es handelt sich hier um die sogenannte Hygrothermsteuerung gemäß Abb. 58. Bei ihr erfolgt unabhängig voneinander die Einschaltung der Maschine durch einen Verdampferthermostat, die Ausschaltung durch einen Raumthermostat. Mit dieser Anordnung kann bei jeder Schaltperiode das Abtauen des Verdampfers erzwungen werden; auch in Zeiten geringen Kältebedarfes schaltet die Maschine in gewissen Zeitabständen vorübergehend ein, um die überschüssige Feuchtigkeit im Kühlraum zu binden. Dadurch wird die Temperatur und die Feuchtigkeit weitgehend konstant gehalten.

XX. Kühlraumisolierung und -lüftung

Zur Isolierung von fest eingebauten Kühlräumen werden auch heute noch Expansit-Korkplatten verwendet; man verwendet jedoch häufig Iporka oder Torfoleum-Platten oder ähnliche Isoliermaterialien. Je stärker die Isolation, um so geringer sind bei sonst gleichem Isoliermaterial selbstverständlich die Kälteverluste. Auch bei größeren Kühlräumen betragen die Kälteverluste immer noch etwa 50% der Gesamtkälteleistung; eine gute Isolierung ist also von wesentlichem Einfluß auf die Betriebskosten.

Besonders wichtig ist, daß die Isolation auch nach längerer Betriebszeit vollkommen trocken bleibt. Vorbedingung hierfür ist, daß die Isolierung nach außen hin möglichst vollkommen luftdicht abgeschlossen ist, während die Verbindung zwischen Isolierung und innerem Kühlraum luftdurchlässig sein kann bzw. sogar soll. Der Grund hierfür ist folgender: Die Temperatur in der Isolierung liegt selbstverständlich zwischen der Außentemperatur und Kühlraumtemperatur. Würde von außen Luft in die Isolation eindringen, so würde diese Luft abgekühlt und damit einen Feuchtigkeitsniederschlag bilden. Das Eindringen von Außenluft muß also verhindert werden. Tritt dagegen Luft vom Kühlraum in die Isolierung ein, so wird diese Luft ja etwas erwärmt. Bei der Erwärmung wird aber jede Luft trockener. Auf diese Weise gelingt es nicht nur, die Isolation trocken zu halten, sondern sogar eine vorübergehend feucht gewordene Isolation auszutrocknen, weil die Feuchtigkeit mit der Luft durch die Wand hindurch tritt und sich an dem wesentlich kälteren Verdampfer niederschlägt. Entgegen der vielfach verbreiteten Ansicht muß also der Kühlinnenraum gegen die Isolierung durch eine luftdurchlässige Schicht abgetrennt sein. Am besten verwendet man dazu Zementmörtel. Wenn der

Boden und die Wände mit Porzellanplatten belegt werden, die praktisch luftundurchlässig sind, so muß zumindest die Decke und der obere Teil der Wand aus einem glatten Zementüberzug bestehen.

Es ist wichtig darauf zu achten, daß kein Kalk oder kalkhaltiger Mörtel mit dem Kork unmittelbar in Berührung kommt. An diesen Stellen entstehen sonst Zersetzungen des Korkes, die einen üblen Geruch verbreiten und den Kühlraum u. U. unbenutzbar machen können.

Von Bedeutung ist auch die Farbe des Anstrichs. Überall da, wo man einen geringen Wärmeübergang wünscht, also wie bei der Isolierung, wähle man zweckmäßig weißen Anstrich, weil die weißen Flächen nur wenig Wärme abstrahlen und auch wenig Wärmestrahlen absorbieren. Lediglich dort, wo man einen guten Wärmeübergang wünscht, also bei Verdampfern, Kondensatoren und Kompressoren, ist schwärzlicher Anstrich zu empfehlen, weil die schwarze Oberfläche die stärkste Wärmestrahlung ergibt.

Da praktisch alle Lebensmittel einen mehr oder weniger starken Eigengeruch abgeben, so ist eine laufende Belüftung des Kühlraumes notwendig. Bei Kühlschränken und kleineren Anlagen erfolgt diese Lüftung in genügender Stärke durch das regelmäßige Türöffnen. Bei größeren Kühlräumen dagegen genügt die hierdurch zustandekommende Lüftung nicht, und es ist notwendig, daß die gesamte Luft im Kühlraum täglich 2—3mal erneuert wird. Es wäre aber falsch, zwei Lüftungsöffnungen an der Decke anzubringen; denn die kalte Luft fällt ja nach unten. Bei Räumen mittlerer Größe erreicht man eine natürliche Lüftung am besten dadurch, daß man eine Öffnung oben und eine Öffnung unten im Kühlraum hat, wobei diese beiden Öffnungen möglichst weit voneinander entfernt sein sollen. Die kalte Luft fällt dann durch die unten liegende Öffnung nach außen, während durch die oben liegende Öffnung Frischluft nachströmt. Damit die Feuchtigkeit, die sich beim Abkühlen der Frischluft niederschlägt, nicht auf den Lebensmitteln kondensiert, ordnet man am besten die obere Öffnung so an, daß die eintretende Frischluft zunächst über die Verdampferrohre streichen muß und damit ihre Feuchtigkeit dort abgibt. Die untere Öffnung kann man u. U. mit der Kühlraumtür verbinden und die Tür so ausführen, daß sie sowohl oben und an den Seiten sehr gut dichtet, daß dagegen unten ein Luftspalt freibleibt.

Es wäre auf jeden Fall völlig falsch, in einem größeren Kühlraum keinerlei Lüftungsöffnung anzubringen. Durch das Öffnen der Tür käme dann Warmluft hinein, die sich bei der Abkühlung zusammenzieht. Ist der Raum dann hermetisch geschlossen, entsteht in dem Kühlraum ein Unterdruck, der u. U. durch die Wand hindurch von außen Luft hereinzieht. Damit würde aber gerade das erreicht, was verhindert werden soll, nämlich ein Feuchtigkeitsniederschlag in der Isolation.

Die Lüftungsöffnungen müssen natürlich mit einem Schieber ausgerüstet werden, der es gestattet, durch mehr oder weniger starkes Öffnen den Luftaustausch zu regulieren.

Bei größeren Kühlräumen sind fast stets Ventilatoren zur Umwälzung der Luft im Kühlraum vorhanden. Sie sind nötig, um die Lufttemperaturen möglichst überall gleichmäßig zu halten. Diese Ventilatoren wird man meist so anordnen, daß sie gleichzeitig etwas Frischluft ansaugen. Man wird also die Frischluftzuführung (von oben) durch ein Rohr bis nahe an die Saugseite des Ventilators heranführen. Die richtige Bemessung der Frischluftzufuhr ist u. U. schwierig. Wird zuviel Frischluft eingesaugt, so ist nicht nur der Kälteverlust zu groß, sondern es schlägt sich auch leicht Feuchtigkeit an den Wänden und an den Lebensmitteln nieder. Aus diesem Grunde ist es auch nicht zweckmäßig, kurzzeitig und sehr stark zu lüften, weil hierbei der Verdampfer nicht alle Feuchtigkeit niederschlagen kann, und die überschüssige Feuchtigkeit sich an den Lebensmitteln absetzt. Richtig ist eine möglichst gleichmäßige, ununterbrochene, schwache Belüftung.

XXI. Kälteanwendung im Gewerbe

Der Bedarf für maschinelle Kühlung ist im Gewerbe so außerordentlich groß und so vielgestaltig, daß eine erschöpfende Darstellung im Rahmen dieses Buches unmöglich erscheint. Es sollen daher nur die wichtigen Gebiete dargestellt werden, und zwar, soweit das möglich ist, unterteilt nach den verschiedenen Gewerbezweigen. Außer Betracht müssen in diesem Zusammenhang die zahlreichen Anwendungsgebiete der künstlichen Kälte in der Industrie und im Großhandel (Kühlhäuser usw.) bleiben. Bevor die Kälteanwendung in den einzelnen Gewerbezweigen erläutert wird, seien die Gewerbekühlschränke und Schauvitrinen besprochen, die praktisch in jedem Lebensmittelgewerbe vertreten sind.

Gewerbekühlschränke. Gewerbliche Kühlschränke werden bis zu einer Größe von etwa 3 cbm gebaut. Darüber hinaus kommen Kühlanlagen, d. h. gemauerte Kühlräume in Frage. Dazwischen verwendet man noch sog. zerlegbare Kühlzellen, die in Teilen verschickt, an Ort und Stelle zusammengebaut werden. Sie werden in Größen von etwa 3 bis 30 cbm hergestellt (Abb. 59).

90 ewerbliche Klein-Kälteanlagen

Die Ausführung der Gewerbekühlschränke ist ebenso vielgestaltig wie ihr Anwendungsgebiet. Jede Firma hat zahlreiche Modelle zur Verfügung. Selbstverständlich werden die Schränke mit mehreren Türen ausgeführt, bei den großen Schränken evtl.

Abb. 59. Zerlegbare, transportable Kühlzelle, 26 cbm, während des Aufbaues (BBC)

bis zu sechs. Für bestimmte Anwendungsgebiete unterteilt man die Schränke in zwei oder mehrere geruchdicht voneinander isolierte Abteile. Diese Lösung wählt man besonders gern, wenn man neben den üblichen Lebensmitteln Wild od. ä. aufzubewahren wünscht. Die meisten größeren Schränke sind mit Fleischhaken versehen, um größere Fleischstücke, evtl. Tierhälften, hängend aufzubewahren. Während man mit entsprechend starken Kältemaschinen auch bei den größten Schränken bequem mit *einem* Kühlaggregat auskommt, wählt man gelegentlich schon für mittlere Schränke zwei Aggregate, die je einen halben Schrank kühlen. Diese Lösung verteuert zwar den Schrank etwas, hat aber den Vorteil, daß man bei geringem Kühlbedarf die eine Hälfte des Schrankes ausschalten kann. Abb. 60 zeigt einen

Abb. 60. Gewerbekühlschrank 2,5 cbm (Eisfink)

größeren Gewerbeschrank von 2,5 cbm mit einem großen Verdampfer. Das Kühlaggregat selbst wird außerhalb aufgestellt, entweder im Keller oder in einem Nebenraum.
Kühlvitrinen. Mehr und mehr hat sich im Lebensmittelgewerbe der Brauch durchgesetzt, die Kühlung der Lebensmittel zu Werbezwecken auszunutzen. Man bringt den Kühlschrank nicht im Nebenraum unter, sondern im Laden bzw. in der Gaststätte selbst, wo die Kunden sehen, daß die empfindlichen Lebensmittel einwandfrei aufbewahrt werden. Vom kleinen Kühlschrank mit einer verglasten Tür bis zu großen, völlig verglasten Kühlvitrinen mit

Abb. 61. Selbstbedienungs-Kühltruhe (Eisfink)

mehreren Kubikmeter Inhalt steht eine reichhaltige Auswahl für alle Verwendungszwecke zur Verfügung. Die Verglasung muß dabei mindestens doppelt mit einer isolierenden Luftschicht ausgeführt werden. Zur Herabsetzung des Kältebedarfes wählt man auch vielfach Dreifachverglasung. Der Kältebedarf solcher Vitrinen ist verhältnismäßig hoch; denn zu den Wärmeleitungsverlusten durch die Wandung kommt noch die Wärmestrahlung durch das Glas hindurch. Allerdings wählt man die Temperaturen meist etwas höher, als im Kühlschrank, da es sich im allgemeinen nur um eine verhältnismäßig kurze Aufbewahrungszeit handelt.

Neuerdings wird in Selbstbedienungsläden Wert darauf gelegt, daß der Kunde die Lebensmittel selbst aus der Kühlvitrine herausnehmen kann. Man wendet dann die sog. Freikühlung an, d. h. die Theke ist oben offen. Die Kälte, bzw. die kalte Luft bleibt unten, mischt sich nur wenig mit der wärmeren Raumluft. Natürlich ist der Kältebedarf hier höher als bei geschlossenen Vitrinen; aber er bleibt trotzdem in einem durchaus tragbaren Rahmen. Abb. 61 zeigt ein Beispiel für eine Selbstbedienungstheke.

Fleischereien. Fleischereien haben naturgemäß einen besonders großen Bedarf für künstliche Kühlung. Die größeren Geschäfte haben daher fast durchweg einen gemauerten Kühlraum im Keller. Abb. 62 zeigt eine derartige Anlage. Meist wird neben dem Hauptkühlraum ein Vorkühlraum angeordnet. Während der Hauptkühlraum, um lange Haltbarkeit zu gewährleisten, eine Temperatur

Abb. 62. Fleischereikühlraum mit Vorkühlraum (Linde)

zwischen $+1°$ und $+4°$ C hat, hat der Vorkühlraum eine Temperatur von $+6°$ bis $+8°$. Die Fleischstücke hängen an den Wänden, so daß die Mitte zum Begehen und zur Ausbildung eines kräftigen Luftumlaufes frei bleibt.

Außer diesen großen Kühlräumen haben die Fleischereien im Ladenraum noch einen besonderen Kühlschrank, der die Vorräte für den laufenden Kleinverkauf aufnimmt. Man spart auf diese Weise zahlreiche Wege zwischen Laden und Hauptkühlraum.

Gaststätten. In den Gaststätten sind die Kühlaufgaben sehr vielseitig. Neben der Lebensmittelaufbewahrung in Kühlschränken und Vitrinen ist die Bierkühlung das Wichtigste. Dabei genügt im allgemeinen eine Kühlung der Schanksäulen nicht; denn die Kühlung in der Schanksäule hat eine ganz bestimmte Leistungsfähigkeit. Werden plötzlich große Mengen Bier hintereinander abgezapft, so ist die Kühlung unzureichend, weil das Bier nicht lange genug in den Kühlschlangen gestanden hat; ist der Bedarf dagegen längere Zeit gering, so wird das Bier u. U. zu kalt. Für eine richtige Pflege des Bieres ist es daher notwendig, den Bierkeller selbst zu kühlen. Die Kühlung in der Schanksäule braucht dann nur geringfügige Temperaturerhöhungen in den Leitungen auszugleichen. Abb. 63 zeigt einen Bierkeller mit künstlicher Kühlung,

Abb. 63. Bieranstichkeller (Linde) Verdampfer an der Decke

wie er je nach der Größe des Betriebes in beliebigen Abmessungen gebaut werden kann.

Die Kühlung des Bieres in der Schanksäule erfolgt meist dadurch, daß das Bier durch ein Schlangenrohr aus Zinn oder neuerdings auch aus Glas hindurchgeleitet wird, das in einem Kasten mit Leitungswasser liegt. Das Leitungswasser selbst wird entweder durch eine Kältemaschine oder auch durch Eisstücke auf der erforderlichen Temperatur gehalten.

Für kleine Gaststätten gibt es auch Kühltheken, die zur Aufnahme von 1—2 Faß Bier eingerichtet sind. Die größeren Bierbüfetts werden außerdem alle noch mit einer Flaschenkühleinrichtung versehen. Kleine Kühlschrankabteile sind zur Aufnahme von Wein- und Selterwasserflaschen, evtl. auch zur Aufnahme von Aufschnitt und Lebensmitteln eingerichtet. Zur Kühlung von Likörflaschen, d. h. Flaschen, die häufig heraus und hereingenommen werden, sieht man sog. Kühltüllen vor, in denen die Flaschen etwas schräg nach unten liegend jederzeit greifbar aufbewahrt werden (Abb. 64). Für diese größeren Kühlbüfetts wird die Kältemaschine selbst meist im Keller untergebracht.

Als Sonderkonstruktionen findet man in größeren Gaststätten noch besondere Weinkühlschränke, die den Vorteil haben, daß sie alle gängigen Weinsorten richtig vorgekühlt leicht greifbar zur Verfügung halten.

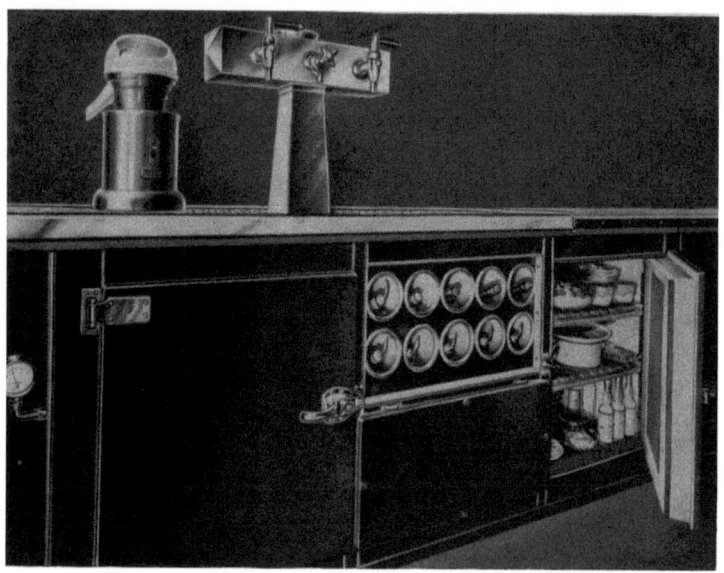

Abb. 64. Biertheke mit Kühlfächern und Flaschenkühlung (BBC)

Zu den Gast- und Verpflegungsstätten im weiteren Sinne müssen auch die Krankenhäuser gerechnet werden. Größere Krankenhäuser haben fast durchweg einen entsprechend geräumigen, gekühlten Kellerraum, dazu auf den einzelnen Stationen kleine oder mittlere Kühlschränke für den laufenden Bedarf. Dazu kommen in Kliniken und großen Anstalten Sonderkühlschränke zur Aufbewahrung von Medizinen, Bakterienkulturen usw.

Konditoreien. Das wichtigste Anwendungsgebiet der künstlichen Kälte in der Konditorei ist die Speiseeisherstellung. Die maschinell angetriebene Speiseeistrommel läuft meist in einer entsprechend tiefgekühlten Sole, die durch eine Pumpe in Umlauf gebracht wird. Neuerdings wendet man auch direkte Kühlung ohne Soleübertragung an. Eine solche Anlage ist schneller betriebsbereit, da die Sole nicht erst heruntergekühlt zu werden braucht. Sie ist also bei stark aussetzendem Betrieb besonders von Vorteil. Abb. 65 zeigt einen derartigen Speiseeisbereiter mit Oberantrieb.

Die Speiseeisbereiter werden ergänzt durch sog. Speiseeiskonservatoren, die entweder getrennt oder auch mit dem Speiseeisbereiter zusammengebaut werden. Der Speiseeiskonservator besteht aus einer entsprechenden Anzahl von großen Trommeln, die in Sole eintauchen. In ihnen wird das Speiseeis solange aufbewahrt, bis es verbraucht ist. Hierzu sind Temperaturen von etwa —7 bis —8° C erforderlich.

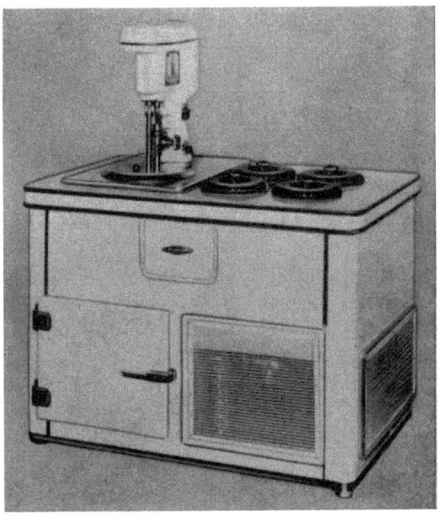

Abb. 65. Speiseeisbereiter mit Boku-Europa-Getriebe (Eisfink)

Neben den Konservatoren verwendet man Tiefkühlschränke zur Aufbewahrung von empfindlichen Parfaits, Halbgefrorenem, Bomben u. dgl. Beliebt sind auch Tortenkühlschränke, in denen sich empfindliche Torten tagelang frisch erhalten. Da der Tortenverkauf meist sehr unregelmäßig ist, bewahren derartige Tortenkühlschränke den Besitzer u. U. vor erheblichen Verlusten. Häufig werden diese Tortenkühlschränke auch als Vitrinen ausgeführt.

Molkereiprodukte. Volkswirtschaftlich besonders wichtig ist die rasche und tiefe Kühlung von Milch. Gerade Milch ist bei normalen Temperaturen nur sehr kurzzeitig haltbar und muß so schnell wie möglich nach der Gewinnung tiefgekühlt werden.

Man verwendet heute meistens Kannenkühler, ähnlich wie sie auf Abb. 48 zu sehen sind. Die Kombination mit einer Wärmepumpe ist dabei heute noch ungewöhnlich.

Da die „Kühlkette" verlangt, daß die Lebensmittel vom Erzeuger über den Händler bis zum Verbraucher möglichst ununterbrochen gekühlt bleiben, brauchen die Ladengeschäfte ebenfalls

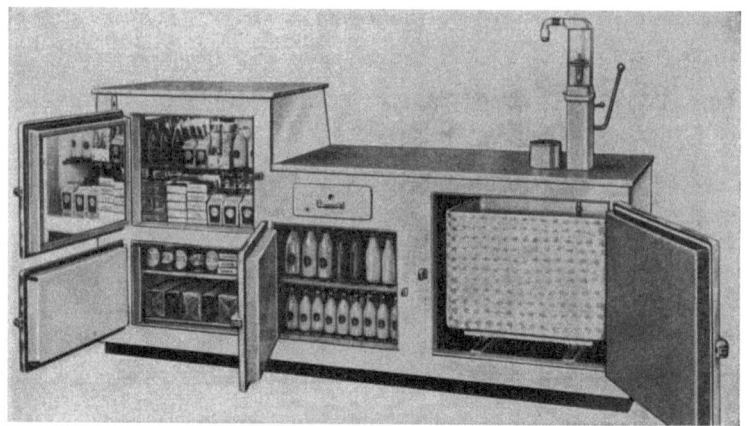

Abb. 66. Milchkühltheke mit Abteilen für große Milchbehälter, Milchflaschen, Butter usw.

besondere Kühleinrichtungen. Abb. 66 zeigt eine Ladenkühltheke für Milch und Molkereiprodukte, ein Kühlabteil für Milchflaschen, Butter usw. Rechts sieht man einen großen Milchbehälter, aus dem die Milch, ohne mit der Hand in Berührung zu kommen, nach oben herausgepumpt wird.

Spezial-Kühlgeräte.
Fischkühlung. Fisch gehört bekanntlich zu den besonders leicht verderblichen Lebensmitteln. Er muß daher von der Fangstelle bis zum Verbraucher tiefgekühlt werden. Dazu dienen neben den großen Kühlwaggons zum Transport in den Geschäften Spezial-Fischkühlschränke. Im Gegensatz zu den übrigen Lebensmitteln muß die Fischoberfläche stets feucht sein. Man bewahrt daher Fisch, auch bei maschineller Kühlung, stets vermischt mit

Abb. 67. Klimaprüfschrank für Laboratorium (Ate)

zerkleinertem Eis auf. Die maschinelle Kühlung hat dabei die Aufgabe, eine Unterkühlung zu bewirken und den Schmelzverlust des Eises so gering wie möglich zu halten. Unter Umständen werden die Fischkühlschränke gleich mit einer kleinen Anlage zur Roheiserzeugung versehen.

Abb. 68. Blumenkühlung (Linde)

Tiefkühlschränke für Laboratorien. In manchen Laboratorien werden Spezial-Kühlschränke zur Erreichung sehr tiefer Temperaturen gebraucht. Dabei wird eine Temperatur bis zu —30° C mit *einer* Kältemaschine erreicht. Bei Temperaturen bis zu —60° C werden zwei Aggregate hintereinander geschaltet. Diese arbeiten derart zusammen, daß der Kondensator der Tiefkühlmaschine durch den Verdampfer der Hauptkühlmaschine gekühlt wird. Abb. 67 zeigt einen Ate Klimaprüfschrank, in dem man Tempe-

7 Scholl, Kühlschränke, 7. Aufl.

raturen von —40° C bis +100° C einhalten und eine Luftfeuchtigkeit zwischen 10% und 95% einstellen kann.

Blumenkühlung. Schnittblumen halten sich bei einer Temperatur zwischen +1 und +3° C bei hoher Luftfeuchtigkeit (mindestens 90%) sehr lange, besonders wenn sie unmittelbar nach dem Schneiden gekühlt werden. Je nach der Sorte bleiben die Blumen dabei 10 bis 25 Tage voll verkaufsfähig und bis zu 40 Tagen noch ansehnlich. Es leuchtet ein, daß auf diese Weise die verhältnismäßig hohen Kosten der künstlichen Kühlung wieder hereingeholt werden können. Abb. 68 zeigt einen großen Schrank zur Blumenkühlung.

Die vorstehend beschriebenen Kühleinrichtungen zeigen nur einige Beispiele aus der Fülle der gewerblichen Kühleinrichtungen. Sie sollen andeuten, welche Möglichkeiten die künstliche Kälte bietet und wie sie mehr und mehr in alle Gebiete der Lebensmittelbehandlung und -aufbewahrung eindringt. Es handelt sich hier um ein Gebiet, das noch in lebhafter Entwicklung begriffen ist und dessen Bedeutung in der Volkswirtschaft außerordentlich hoch ist. Die Kältetechnik ist berufen, die Qualität der Lebensmittel zu steigern und große Werte vor dem Verderben zu schützen. Wissenschaftliche Forschungsarbeiten, die Haltbarkeit der Lebensmittel mehr und mehr zu verlängern, sind überall im Gange. Die Kälteindustrie hat die Aufgabe, Kühlanlagen, Maschinen und Kühlmöbel immer weiter zu vervollkommnen und die wirtschaftlichen Voraussetzungen für einen Einsatz auf breitester Basis zu schaffen.

Literaturverzeichnis

Göttsche-Pohlmann: Taschenbuch für Kältetechniker. Hamburg: Hanseatische Verlagsanstalt.
Grubenmann: I, x-Tafeln feuchter Luft und ihr Gebrauch bei der Erwärmung, Abkühlung, Befeuchtung, Entfeuchtung von Luft, bei Wasserrückkühlung und beim Trocknen. Berlin: Springer 1926.
Handbuch der Kältetechnik. Unter Mitarbeit zahlreicher Fachleute herausgegeben von Professor Dr.-Ing. Rudolf Plank, Karlsruhe. In zwölf Bänden. Berlin/Göttingen/Heidelberg: Springer. Bis März 1960 8 Bände erschienen.
Hirsch: Die Kältemaschine, 2. Aufl. Berlin: Springer 1932.
Hufschmidt: Der Kühlanlagenmonteur. Dresden: Verlag Alfred Schröter.
Linge: Über periodische Absorptionskältemaschinen; Beihefte zur Zeitschrift für die gesamte Kälteindustrie, Reihe 2, Heft 1. Berlin: Gesellschaft für Kältewesen.
Ostertag: Kälteprozesse. Dargestellt mit Hilfe der Entropietafel. 2. Aufl. Berlin: Springer 1933.
Plank u. Kuprianoff: Die Kleinkältemaschine, 2. Aufl. Berlin/Göttingen/Heidelberg: Springer 1960.— Versuche über die Kaltlagerung von Obst und Gemüse; 2 Beihefte zur Zeitschrift für die gesamte Kälteindustrie.
Publications of the household refrigeration bureau of the National Association of ice industries, New York.
Rasmusson: Die Lebensmittel und ihre Aufbewahrung. Hannover: M. & H. Schaper.
Reif: Kleinkühlanlagen für Gewerbe und Haus. Halle a. d. S.: Carl Marhold.
Schüle: Leitfaden der technischen Wärmetechnik, 5. Aufl. Berlin: Springer 1928.
Steinle: Kältemaschinen-Öle. Berlin/Göttingen/Heidelberg: Springer 1950.
Kältetechnik, Zeitschrift für das gesamte Gebiet der Kälteerzeugung und Kälteanwendung.
Refrigeration Engineering.
Air conditioning Heating and Refrigeration News. Detroit, Mich.

Sachverzeichnis

Absolute Feuchtigkeit 40
Absorber 9, 35
Absorptionskältemaschine 9, 33
Abtauvorrichtung 86
AEG-Kühlschrank 59
Äther 7
Aethylchlorid 5, 29
Alkohol 11
Ammoniak 5, 29
Arme Lösung 34
Atmosphäre 5
Automatische Regelung 36

Bakterien 47
— -wachstum 47
Bauknecht Kühlschrank 63
Befeuchtung der Raumluft 68
Behaglichkeitstemperatur 66
Beschläge 45
Bierkühlung 93
Blanchieren 55
Blumenkühlung 98
Bosch-Kühlschrank 61
Butter-kühler 7
— -kühlung 51

Celsius 2.
Chlormethyl 29.

Dampfdruckkurve 6
Dichtung der Türen 45
Difluordichlormethan 29
Doppelschlußmotor 25
Drehmoment 25
Drehstrommotor 25

Einphaseninduktionsmotor 25
Eis 10
Elekrolux-Kühlschrank 63
Energieverbrauch von Absorptions-
 schränken 65
Entfeuchter 78

Entfeuchtung 67, 78
Erster Hauptsatz 2
Expansitkork 44
Expansionsventil 21
Explosionsfähigkeit 30

Fahrenheit 2
Fäulnis 47
Fensterklimagerät 69
Feuchtigkeit 39
Feuchtigkeitsgehalt 39, 67
Fisch-kühler 96
— -kühlung 52, 96
Fleischkühlung 49
Fliehkraft-kupplung 26
— -schalter 26
Frigen 5, 29
Frischluftzuführung 67

Gasumlauf 34
Gefrierkonserven 54
Gegenstromkondensator 81
Gekapselte Kältemaschinen 17, 59
Gemüsekühlung 51
Geruchübertragung 52
Giftigkeit 31
Gleichstrommotor 25

Hefepilze 47
Heizung bei Klimageräten 68
Hochleistungsverdampfer 82
Hygrotherm-Steuerung 86

Iporka 44
Isobutan 29
Isolation 43
Isolationsstärke 43

Kälte-mischung 11
— -mittel 28
Kalorie 1
Kapillarrohr 23
Kilowatt 3
— -stunde 3

Sachverzeichnis

Klimageräte 66
Klimatisierung 66
Kocher 9, 34
Kohlensäureeis 10
Kolbenkompressor 14
Kompressionskältemaschine 7
Kompressor 7, 14
Kondensationswärme 8
Kondensator 7, 19, 81
— -motor 26
Kontinuierliche Absorptions-
  maschine 34
Konvektion 13
Korkschrot 44
Kühltheke 96
Kühlwasser 19
Kühlzelle 89

Lebensmittellagerung 47
Leistungsziffer 65
Leitfähigkeit 12
Linde-Kühlschrank 60
Luft-feuchtigkeit 39
— -filter 67
— -kühlung 19
— -reinigung 67
— -umlauf 46
Lüftung 87

Mechanisches Wärmeäquivalent 4
Membran-reduzierventil 21
— -stopfbüchse 16
Methylchlorid 5, 29
Milch-kühlanlage 76, 95
— -kühlung 50

Nahrungsmittelkühlung 39
Nebenschlußmotor 25
Neutrales Gas 34
Nutzkälteleistung 43

Oberfläche des Kühlschrankes 43
Obstkühlung 51
Ölpumpe 16

Pasteurisieren 50
Periodische Absorptionsmaschine
  10
Pferdestärke 3
Pressostat 37

Raum-heizung 68, 77
— -thermostat 36
Reaumur 2
Reduzierventil 7, 21
Reiche Lösung 34
Reihenschlußwicklung 25
Relative Feuchtigkeit 40
Rotationskompressor 14
Rückschlagventil 19

Schimmel 47
Schließfächer 58
Schmieröl 16, 32
Schmierung 16
Schrankbau 42
Schwefeldioxyd 5, 29
Schwimmerventil 22
Selbstbedienungstheke 91
Sicherheitsvorrichtung 21
Siedekurve 5
Siedetemperatur 5
Siemens-Kühlschrank 61, 64
Speiseeis-Erzeuger 95
— -Konservator 95
Spezifische Wärme 1
Sterilampe 53
Stopfbüchse 16
Strahlung 11
Stromverbrauch 63, 65

Taupunkt 40
Temperatur 2
— -verteilung im Schrank 46
Tiefkühl-schrank 97
— -truhe 56
Thermischer Wirkungsgrad 72
Thermodynamik 2
Thermostat 36.
Thermostatisches Expansionsventil
  84
Trockener Verdampfer 23, 83
Türdichtung 45

Überfluteter Verdampfer 23, 83
Universalmotor 24

Ventilator 20
Verdampfer 23, 82
— -thermostat 36
Verdampfungswärme 4, 29
Verderben der Lebensmittel 47

Sachverzeichnis

Verdunsten 6
Verschleißprozeß 11
Vitrinen 91

Wärme-energie 1
— -austauscher 35
— -leitfähigkeit 12
— -pumpe 72

Wärme-übertragung 11
— -verhältnis 73
Wasserstrahlpumpe 11
Wendepol 25
Wechselstrommotor 25
Wohnraumkühlung 66

Zweiter Hauptsatz 72

MIX
Papier aus verantwortungsvollen Quellen
Paper from responsible sources
FSC® C105338

If you have any concerns about our products,
you can contact us on
ProductSafety@springernature.com

In case Publisher is established outside the EU,
the EU authorized representative is:
**Springer Nature Customer Service Center GmbH
Europaplatz 3, 69115 Heidelberg, Germany**

Printed by Libri Plureos GmbH
in Hamburg, Germany